KB044598

원소의 주기율표

범례

우라늄	
92	원자번호
U	기호
238.0289	원자량

- 주족금속
- 전이금속
- 준금속
- 비금속

	1A (1)	2A (2)	3B (3)	4B (4)	5B (5)	6B (6)	7B (7)	8B (8)	8B (9)	8B (10)	1B (11)	2B (12)	3A (13)	4A (14)	5A (15)	6A (16)	7A (17)	8A (18)
1	수소 1 H 1.0079																	헬륨 2 He 4.0026
2	리튬 3 Li 6.941	베릴륨 4 Be 9.0122											붕소 5 B 10.811	탄소 6 C 12.011	질소 7 N 14.0067	산소 8 O 15.9994	플루오린 9 F 18.9984	네온 10 Ne 20.1797
3	소듐 11 Na 22.9898	마그네슘 12 Mg 24.3050											알루미늄 13 Al 26.9815	규소 14 Si 28.0855	인 15 P 30.9738	황 16 S 32.066	염소 17 Cl 35.4527	아르곤 18 Ar 39.948
4	포타슘 19 K 39.0983	칼슘 20 Ca 40.078	스칸듐 21 Sc 44.9559	타이타늄 22 Ti 47.867	바나듐 23 V 50.9415	크로뮴 24 Cr 51.9961	망가니즈 25 Mn 54.9380	철 26 Fe 55.845	코발트 27 Co 58.9332	니켈 28 Ni 58.6934	구리 29 Cu 63.546	아연 30 Zn 65.39	갈륨 31 Ga 69.723	게르마늄 32 Ge 72.61	비소 33 As 74.9216	셀레늄 34 Se 78.96	브로민 35 Br 79.904	크립톤 36 Kr 83.80
5	루비듐 37 Rb 85.4678	스트론튬 38 Sr 87.62	이트륨 39 Y 88.9059	지르코늄 40 Zr 91.224	나이오븀 41 Nb 92.9064	몰리브덴 42 Mo 95.94	테크네튬 43 Tc (97.907)	루테늄 44 Ru 101.07	로듐 45 Rh 102.9055	팔라듐 46 Pd 106.42	은 47 Ag 107.8682	카드뮴 48 Cd 112.411	인듐 49 In 114.818	주석 50 Sn 118.710	안티모니 51 Sb 121.760	텔루륨 52 Te 127.60	아이오딘 53 I 126.9045	제논 54 Xe 131.29
6	세슘 55 Cs 132.9054	바륨 56 Ba 137.327	란타넘 57 La 138.9055	하프늄 72 Hf 178.49	탄탈럼 73 Ta 180.9479	텅스텐 74 W 183.84	레늄 75 Re 186.207	오스뮴 76 Os 190.2	이리듐 77 Ir 192.22	백금 78 Pt 195.08	금 79 Au 196.9665	수은 80 Hg 200.59	탈륨 81 Tl 204.3833	납 82 Pb 207.2	비스무스 83 Bi 208.9804	폴로늄 84 Po (208.98)	아스타틴 85 At (209.99)	라돈 86 Rn (222.02)
7	프랑슘 87 Fr (223.02)	라듐 88 Ra (226.0254)	악티늄 89 Ac (227.0278)	러더포듐 104 Rf (261.11)	더브늄 105 Db (262.11)	시보귬 106 Sg (263.12)	보륨 107 Bh (262.12)	하슘 108 Hs (265)	마이트너륨 109 Mt (266)	담스타튬 110 Ds (271)	뢴트게늄 111 Rg (272)	112 Discovered 1996	113 Discovered 2004	114 Discovered 1999	115 Discovered 2004	116 Discovered 1999		

란탄족

세륨 58 Ce 140.115	프라세오디뮴 59 Pr 140.9076	네오디뮴 60 Nd 144.24	프로메튬 61 Pm (144.91)	사마륨 62 Sm 150.36	유로퓸 63 Eu 151.965	가돌리늄 64 Gd 157.25	테르븀 65 Tb 158.9253	디스프로슘 66 Dy 162.50	홀뮴 67 Ho 164.9303	에르븀 68 Er 167.26	툴륨 69 Tm 168.9342	이터븀 70 Yb 173.04	루테튬 71 Lu 174.967

악티늄족

토륨 90 Th 232.0381	프로탁티늄 91 Pa 231.0388	우라늄 92 U 238.0289	넵투늄 93 Np (237.0482)	플루토늄 94 Pu (244.664)	아메리슘 95 Am (243.061)	퀴륨 96 Cm (247.07)	버클륨 97 Bk (247.07)	칼리포늄 98 Cf (251.08)	아인슈타이늄 99 Es (252.08)	페르뮴 100 Fm (257.10)	멘델레븀 101 Md (258.10)	노벨륨 102 No (259.10)	로렌슘 103 Lr (262.11)

컴퓨터를 활용한 화학실험

Chemistry by Microcomputer Based Laboratory

여상인 · 이숙경 공저

 북스힐

머리말

저자가 교사이던 시절 '19세기의 교실에서 20세기의 교사가 21세기의 학생을 가르치고 있다'는 얘기를 종종 들었던 기억이 떠오릅니다. 실험실을 연상하면 시커먼 실험대와 누른색의 둥그런 나무 의자, 그리고 불을 붙일 때마다 불안한 알코올램프, 중심이 잘 잡히지 않은 삼발이와 몸에 좋지 않다던 허연 석면 쇠그물, 잘못 가열하면 쉽게 깨지는 시험관과 비커, 빨간 액체의 중간에 끊어져 있어 사용할 수 없는 온도계, 조금만 부주의하면 시험관을 쏙 빠지게 하는 허술한 시험관집게 등등이 가장 먼저 생각납니다. 그때에 비하면 지금의 실험실에 있는 실험기구의 질은 참 많이 좋아지기는 했습니다. 그렇지만 실험 기구의 종류는 여전히 19세기 과학자의 실험실에서도 있었던 것과 크게 다르지 않습니다. 여전히 초·중등학교의 실험실은 아날로그 방식의 19세기 언저리에 머물러 있다는 느낌을 지울 수 없습니다.

그렇다면 우리가 가르치는 21세기의 학생이 생활하게 될 실험실의 모습은 어떨까요? 대부분의 대학과 연구소의 실험실은 컴퓨터가 연결된 각종 기계로 가득 차 있습니다. 온도계만 하더라도 눈금을 읽는 아날로그 방식이 아니라 온도가 숫자로 나타나는 디지털 방식의 온도계로 바뀌어 있습니다. 21세기 학생이 연구하게 될 실험실의 각종 장비는 컴퓨터를 기반으로 하는 디지털 방식의 실험 기기가 대부분을 차지하고 있는데, 아직도 학교 현장은 아날로그 방식에 머물러 있습니다. 미래의 과학자로서 과학에 대한 기본적인 탐구 능력을 기르는 초·중등학교의 과학과 교육 과정에서 아날로그 방식이 필요 없다는 것은 아닙니다. 하지만 21세기 학생들이 미래에 자신이 어떤 일을 어떻게 하고 있는지를 학창 시절에 한 번쯤은 상상하게 해야 하지 않을까요?

그래서 7차 교육 과정의 과학과 교육 과정 각론에서 컴퓨터를 활용한 과학 실험 활동이 포함되었고, 여러 교과서에서도 컴퓨터를 기반으로 하는 실험 활동(Microcomputer-

Based Laboratory, MBL)이 소개된 것은 참 다행이라 생각합니다. 그러나 컴퓨터를 활용한 과학 활동이 초·중등학교의 과학과 교육 과정에서 활발하게 적용되기 위해서는 넘어야 할 산이 많았습니다. 넉넉하지 않은 학교 예산에서 MBL을 위한 실험실습 예산을 확보하기도 쉽지 않았고, 학생들을 가르치는 교사들도 MBL이라는 실험에 익숙하지 않았을 뿐 아니라 MBL을 활용한 다양한 교수-학습 자료도 충분히 개발되어 있지 않았습니다. 물론 MBL이 학생들의 과학 탐구 능력을 효과적으로 향상시킬 수 있는지, 과학에 대한 태도에 긍정적인 효과를 주는지에 대한 연구도 많이 이루어져 있지 않았습니다. 넘어야 할 산이 많았지만 MBL에 대한 교사의 이해와 학교 현장에 적용 가능한 교수-학습 자료의 개발이 가장 절실하다는 판단이 이 책을 출간하게 한 계기가 되었습니다.

이 책에 소개된 활동은 초·중등학교의 과학과 교육 과정에서 항상 중요하게 다루는 탐구 활동 중에서 MBL을 적용하기에 적당하다고 생각되는 탐구 활동 주제를 중심으로 구성되었습니다. 그리고 학생용과 교사용으로 구분하여 학생들에게는 학생용만 유인물로 복사해서 나누어 줄 수 있도록 하였으며, 교사에게 필요한 여러 가지 정보로 관련 교육 과정, 실험 활동과 관련된 과학개념, 실험 시 유의사항, 질문에 대한 해답과 예시 등을 교사용에 포함하였습니다. 이 책에 소개된 활동은 일반 학급에서도 유용하게 활용될 수 있지만, '한걸음 더'와 같은 심화 활동 과제도 제공함으로써 과학영재를 대상으로 하는 탐구 활동 주제로도 유용하게 활용될 수 있도록 하였습니다. 그리고 MBL 프로그램이 다양하기 때문에 이 책에서는 버니어(Vernier)사의 Logger Pro 프로그램을 토대로 하여 실험과정의 내용을 구성하였습니다.

마지막으로 이 책이 나오기까지 많은 도움을 주신 분들에게 깊은 감사를 드립니다. 먼저 MBL이 과학과 교육과정에 처음 적용되는 열악한 환경에서 MBL을 활용한 과학과 교수-학습 자료 개발의 필요성을 일깨워 주시고 도움을 주신 한국과학진흥상사의 조원득 대표이사께 감사를 드립니다. 특히, 재정적인 지원과 함께 프로그램 개발에 필요한 버니어사의 MBL 실험 장비, 컴퓨터 등을 아낌없이 지원해 주시지 않았다면 이 책의 출간은 꿈도 꾸지 못했을 것입니다. 대학원 과정에 있었던 박상용, 이승민 선생님께도 감사드립니다. 박상용, 이승민 선생님은 개발된 교수-학습 프로그램을 현장에 적용하여 MBL이 학생들의 탐구활동과 과학 태도에 긍정적인 효과를 준다는 것을 입증하여 과학과 교육 과정에 MBL의 도입이 의미 있는 것이라는 확신을 주었습니다. 그리고 교수-학습 자료의 개발에 가장 크게 기여한 이숙경 선생님께도 깊은 감사를 드립니다. 실제 실험한 결과의 예시를 얻기 위하여 거의 모든 활동을 직접 수행하는 노력을 했을 뿐 아니라 원고를 정리하고 참고자료를 찾는 등의 수고로움 또한 마다하지 않았습니다. 북스힐 출판사의 조승식 대표이사님, 좋은 책을 만들기 위해 동분서주 하시면서도 짜증 한 번 내지 않고 저자들을 격려해 주시는 김동준 상무님, 편집팀의 이혜영 선생님을 비롯한 출판사의 모든 식구들에게도 깊은 감사를 드립니다.

대표저자 여상인

차례

01 산소를 발생시켜 성질 알아보기

 들어가기

생물이 생명을 유지하기 위해 가장 필요한 것은 산소이다. 산소 공급이 몇 분 동안만 중단되면 인간은 죽는다. 공기 중에 약 21 % 포함되어 있는 산소는 무색, 무미, 무취의 기체로 활동에 필요한 에너지원을 얻는 데 사용되며, 연료의 연소에 필요하다. 고도가 높아질수록, 온도가 높을수록 물에 녹아 있는 산소의 양이 감소된다. 산소는 호흡이나 연소의 필수 물질인 것이다. 본 학습주제는 산소발생장치를 꾸며 산소를 발생시키고 포집한 산소의 성질을 알아보는 내용으로 구성되어 있다. 교과서 내의 산소발생 실험에서는 기체의 포집 방법으로 수상치환을 사용하고 있는데 산소가 모이는 과정을 집기병의 물이 빠져나가는 것으로만 관찰할 수 있는 반면, 이 실험을 MBL 인터페이스와 산소 센서를 사용하여 실험한다면 산소의 포집 과정을 모니터상에서 수치로도 확인할 수 있어 실험에 많은 도움이 될 것이다. 또한 산소의 성질을 실험하기에 앞서 공기가 담긴 집기병과 산소를 모은 집기병 속의 산소량을 비교할 수도 있어 산소발생과 산소의 성질을 이해하는 데 효과적일 것이다.

학습목표

- 산소발생장치를 꾸며 산소를 모을 수 있다.
- 실험을 통해 산소의 성질을 알 수 있다.

준비물

가지달린 삼각 플라스크 1개, 1구 고무마개 1개, 깔때기 1개, 'ㄱ'자 유리관 1개, 고무관 40 cm 1개, 유리판 3개, 집기병 3개, 과산화수소, 숯, 철사, 철솜, 성냥, 핀치 클램프, 보안경, 노트북, 산소 센서, 인터페이스, Logger Pro

실험하기

가. 산소 발생 장치 꾸미기

1. 가지달린 삼각 플라스크에 이산화망간을 1 g 정도 넣고 물을 부어 조금 적신다.
2. 고무마개에 유리관을 끼운 다음 가지달린 삼각 플라스크에 끼운다.
3. 이 유리관과 깔때기를 핀치 클램프를 끼운 고무관으로 연결한다.
4. 가지달린 삼각 플라스크에 연결된 고무관에 다른 'ㄱ'자 유리관을 끼워 기체를 포집할 집기병에 넣는다.
5. 집기병 속에 고무관을 넣을 때 노트북과 인터페이스에 연결된 산소 센서를 함께 넣어서 장치한다(집기병 마개를 만들어 집기병을 덮고 센서와 'ㄱ'자 유리관을 꽂는다).
6. 집기병 마개의 직경은 6 cm 정도, 센서가 장착될 구멍의 직경은 3 cm 정도, 'ㄱ'자 유리관을 꽂을 구멍은 펀치로 뚫으면 된다.

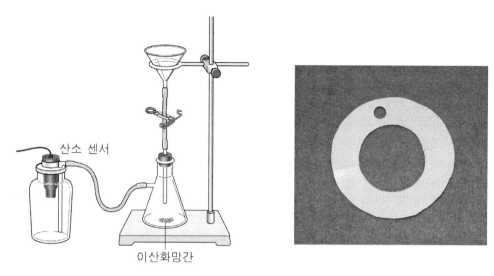

산소 센서

이산화망간

〈실험장치 및 두꺼운 도화지를 잘라서 만든 집기병 마개〉

나. 산소 발생시키기

1. 완성된 산소 발생장치의 깔때기에 묽은 과산화수소수(5~6 %)를 붓고, 핀치 클램프를 조금씩 열어 과산화수소수가 삼각 플라스크에 떨어지도록 한다. 이때 일어나는 변화를 관찰한다.

2. 과산화수소수를 떨어뜨린 다음 Logger Pro를 가동하고, ▶Collect 버튼을 클릭한 다음 시간이 경과함에 따른 집기병 속의 산소량의 변화를 관찰한다.

   (Experiment/Data Collection 메뉴에서, 측정주기는 4초당 1번 정도로 조정한 후 ▶Collect 버튼을 클릭하고, 수치의 변화가 더 이상 없으면 ■Stop 버튼을 클릭한다.)

3. 시간의 경과에 따른 산소량의 변화를 표에 기록해 보자.

시간 산소량	처음	10초 경과	20초 경과	30초 경과	40초 경과	50초 경과
집기병 속의 산소의 양 (%)						

4. 시간의 경과에 따른 산소량의 변화를 그래프로 나타내 보자.

```
※ X축은 시간, Y축은 산소의 양
```

5. 집기병에 산소를 모아 유리판으로 덮어둔다.

다. 산소의 성질 알아보기

1. 공기가 들어 있는 집기병과 산소가 들어 있는 집기병에 산소 센서를 장착하여 산소함
   량을 비교한다. Logger Pro를 가동하고, [▶ Collect] 버튼을 클릭한 다음 시간이 경과함
   에 따른 집기병 속의 산소량의 변화를 관찰한다.
   (Experiment/Data Collection 메뉴에서, 측정주기는 4초당 1번 정도로 조정한 후
   [▶ Collect] 버튼을 클릭하고, 수치의 변화가 더 이상 없어지면 [■ Stop] 버튼을 클릭한
   다.)

집기병 산소량	공기가 들어 있는 집기병	산소가 들어 있는 집기병
집기병 속의 산소의 양 (%)		

2. 산소는 색깔과 냄새가 있는지 알아보자.

3. 공기가 들어 있는 집기병과 산소가 들어 있는 집기병에서 물체가 타는 모습을 비교한다.
   - 향에 불을 붙인 다음 각각의 집기병 속에 넣고 변화를 관찰한다.
   - 불씨가 거의 없는 나무젓가락을 각각의 집기병 속에 넣고 변화를 관찰한다.
   - 숯이나 철솜에도 불을 붙인 다음 각각의 집기병 속에 넣고 변화를 관찰한다.

4. 실험을 통하여 알아낸 산소의 성질에 대해 발표해 보자.

 **생각해 보기**

1. 완성된 산소 발생장치의 깔때기에 묽은 과산화수소수(5~6 %)를 붓고, 핀치 클램프를 조금씩 열어 과산화수소수가 삼각 플라스크에 떨어지도록 했을 때 일어나는 변화는?

2. 산소가 발생함에 따라 집기병 속의 산소량이 어떻게 변화하는지, 그리고 그 이유는?

3. 산소는 색깔과 냄새가 있는가?

4. 공기가 들어 있는 집기병과 산소가 들어 있는 집기병에서 물체가 타는 모습을 비교해 보면 어떤 차이점이 있는가?

5. 실험을 통하여 알아낸 산소의 성질은?

 한걸음 더

1. 감자나 오이를 이용해서 산소를 발생시킬 수 있다. 감자나 오이를 이용하여 산소를 발생시킬 수 있는 장치를 꾸며 산소를 발생시켜 보자.

2. 표백제를 이용해서 산소를 발생시킬 수 있다. 표백제를 이용하여 산소를 발생시킬 수 있는 장치를 꾸며 산소를 발생시켜 보자.

01 산소를 발생시켜 성질 알아보기

 관련 교육 과정 : 초등학교 5~6학년군 '여러 가지 기체'

이 실험은 초등학교 5~6학년군 '여러 가지 기체' 단원 중 산소를 발생시켜 성질을 알아보는 실험이다. 산소를 발생시켜 성질 알아보기의 학습개요를 살펴보면 크게 두 가지로 나눌 수 있는데, 첫째, 산소 발생시키기와 둘째, 산소의 성질 알아보기이다. 산소 발생시키기에서는 산소 발생장치를 꾸미고 산소를 발생시켜 집기병에 모으는 것을 주요 내용으로 하고 있다. 이어서 모아진 산소를 이용하여 산소의 색깔과 냄새를 알아보고, 공기 중과 산소가 든 집기병 속에서 물질이 타는 모습을 서로 비교해봄으로써 산소가 어떤 성질을 가졌는지 알아보는 내용으로 구성되어 있다.

- 주요 개념 : 산소, 산소 발생장치, 산소의 성질
- 탐구 기능 : 측정하기, 그래프 그리기, 분석하기

가. 실험과 관련된 과학개념

1. 이산화망간의 촉매 작용

화학반응에서 자신은 반응에 관여하지 않고 단지 화학반응 속도를 변화시키는 물질을 촉매(catalyst)라고 한다. 이산화망간은 과산화수소수가 산소를 발생시켜 주는 것을 돕는다. 건전지 속의 검은색 가루가 이산화망간이다. 이산화망간 대신에 아이오딘화칼륨을 넣어도 되고 싱싱한 생감자, 쇠고기, 소의 간 등을 잘게 썰어 넣거나, 헌 건전지를 분해하여 사용해도 된다.

$$\text{과산화수소수} \quad \xrightarrow{\text{이산화망간}} \quad \text{산소} + \text{물}$$

$$(\ 2H_2O_2 \quad \xrightarrow{MnO_2} \quad O_2 + 2H_2O\ )$$

2. 묽은 과산화수소수 만드는 방법

산소 발생시 사용하는 과산화수소수의 적당한 농도는 5~6 %이다. 화학약품으로 시판되는 과산화수소수는 30 %의 진한 수용액이므로 묽게 만들어서 사용하도록 한다. 30 %의 진한 과산화수소수 100 mL에 400 mL의 물을 부어 전체 부피가 500 mL가 되게 하면, 5~6 %의 과산화수소수가 된다. 약국에서 시판되는 2~3 %의 소독용 과산화수소수는 산소 발생실험을 하기에 부적당하다. 진한 과산화수소수가 피부에 닿았을 때 피부를 상하게 하므로 취급에 주의하도록 한다. 또 햇빛이나 열에 의해 쉽게 분해되므로 갈색병 속에 넣어 차고 어두운 곳에 보관해야 하며, 특히 진한 과산화수소에 금속이나 금속의 산화물 또는 탄소가루가 섞이면 폭발하기 쉬우므로 보관에 주의해야 한다.

3. 산소 발견에 대한 이야기

프리스틀리(Priestley ; 1733~1804)는 전기를 발견한 미국인 프랭클린을 만나 비가 오는 날 큰 연을 띄워 번개가 전기의 한 종류라는 것을 밝혀 내었다는 이야기를 직접

듣고 과학에 관심을 가지게 되었다. 프리스틀리는 이산화탄소, 염산, 암모니아 기체에 관한 연구를 많이 하였다. 특히, 산소를 발견한 것으로 유명하다. 수은은 회색의 액체 금속인데, 이것을 가열하면 주황색의 가루물질이 된다. 이 주황색의 물질에 더 열을 가하면 다시 회색의 액체 금속인 수은으로 돌아간다. 프리스틀리는 주황색의 가루가 원래의 수은으로 돌아갈 때 어떤 기체가 나오는 것이 아닐까 하고 생각하였다. 그래서 그는 볼록렌즈로 빛을 모아 주황색의 수은재에 비추어 주었다. 그랬더니 유리 기구 안의 촛불이 격렬하게 타고 불꽃이 오랫동안 꺼지지 않는 것을 발견하였다. 이 기체는 후에 산소라고 불리게 되었고, 병원의 중환자, 잠수부, 산소가 부족한 높은 산을 오르는 등산가, 우주인들에게는 필수품이 되었다.

4. 기체수집 방법

• 수상치환 : 물에 녹지 않는 기체를 물이 가득 들어 있는 뒤집어진 용기에 모으는 방법이다. 이 방법으로 모을 수 있는 기체는 산소(O_2), 수소(H_2), 일산화탄소(CO) 등이 있다.

• 상방치환 : 물에 녹는 기체 중에서 공기보다 가벼운 기체를 위쪽에서 모으는 방법이다. 이 방법으로 모을 수 있는 기체는 암모니아(NH_3) 등이 있다.

• 하방치환 : 물에 녹는 기체 중에서 공기보다 무거운 기체를 아래쪽에서 모으는 방법이다. 이 방법으로 모을 수 있는 기체는 염화수소(HCl), 이산화탄소(CO_2) 등이 있다. 이산화탄소는 물에 많이 녹지는 않기 때문에 수상치환으로 모으기도 한다.

나. 실험시 유의사항

1. 실험 장치를 꾸밀 때 집기병을 막을 마개를 따로 제작해야 한다.
2. 유리관 및 고무마개는 가지달린 삼각 플라스크와 정확히 맞는 사이즈를 사용해야 하고 연결 부위에 빈틈이 생기지 않도록 고무찰흙으로 막아준다.
3. 묽은 과산화수소수는 한꺼번에 많이 떨어뜨리지 말고 조금씩 핀치 클램프를 열어 떨어뜨리면서 플라스크 속의 변화와 살핀다.
4. 한 번 실험을 한 뒤 재차 실험을 하고자 할 때는 집기병을 꼭 새것으로 사용하고 센서 주위의 공기를 완전히 환기시킨 다음에 실험한다.

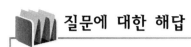

질문에 대한 해답

가. 생각해 보기

1. 완성된 산소 발생장치의 깔때기에 묽은 과산화수소수(5~6 %)를 붓고, 핀치 클램프를 조금씩 열어 과산화수소수가 삼각 플라스크에 떨어지도록 했을 때 일어나는 변화는?
   • 거품이 일어나면서 기체가 발생한다.

2. 산소가 발생함에 따라 집기병 속의 산소량이 어떻게 변화하는지, 그리고 그 이유는?
   • 집기병 속의 산소량이 증가한다.

3. 산소는 색깔과 냄새가 있는가?
   • 무색, 무취

4. 공기가 들어 있는 집기병과 산소가 들어 있는 집기병에서 물체가 타는 모습을 비교해 보면 어떤 차이점이 있나?
   • 공기 중에서 보다 산소가 들어 있는 집기병 속에서 불꽃이 더 커진다.

5. 실험을 통하여 알아낸 산소의 성질은?
   • 색깔이 없다.
   • 냄새가 없다.
   • 다른 물질을 잘 타게 도와준다.

나. 한걸음 더

1. 감자나 오이 등의 채소 껍질에는 카탈라아제라는 효소가 들어 있는데, 이 효소가 과산화수소를 물과 산소로 분해하는 것을 도와주는 촉매 역할을 한다.
   • 감자나 오이의 껍질 부분을 잘게 썰어 집기병에 반쯤 차게 넣는다.
   • 여기에 스포이트로 묽은 과산화수소수를 넣은 다음 유리판으로 덮는다.

- 거품이 병 위까지 올라오면 유리판을 열고 깜부기불을 대어 본다.
- 산소 센서를 장착하여 집기병 속의 산소의 양을 측정해 본다.

2. 집에서 사용하는 표백제를 이용하여 산소를 만들 수 있다. 산소계 표백제는 일반적으로 과탄산나트륨($2Na_2CO_3 \cdot 3H_2O_2$)이라는 성분이 표백작용을 한다. 과탄산나트륨은 탄산나트륨(Na_2CO_3)에 과산화수소가 결정수처럼 붙어 있는 것이다. 탄산나트륨은 물분자가 결정수로 여러 개 붙어 있는 경우가 많은데, 과탄산나트륨은 물분자 대신 과산화수소가 결정수로 붙어 있다. 이 과산화수소가 분해되어 산소가 발생하는데, 이 분해 반응은 보통 조건에서도 서서히 일어나기 때문에 개봉한 지 오래되었거나 제조된 지 너무 오래된 표백제는 효과가 떨어진다.
   - 집기병에 산소계 표백제, 소량의 이산화망간, 그리고 물을 넣은 다음에 유리판으로 덮는다.
   - 집기병에 거품이 올라오면 유리판을 열고 향이나 깜부기불을 넣어 보자.
   - 산소 센서를 장착하여 집기병 속의 산소의 양을 측정해 본다.

결과 예시

〈4초 간격으로 측정한 산소양의 변화 − 단위 : %〉

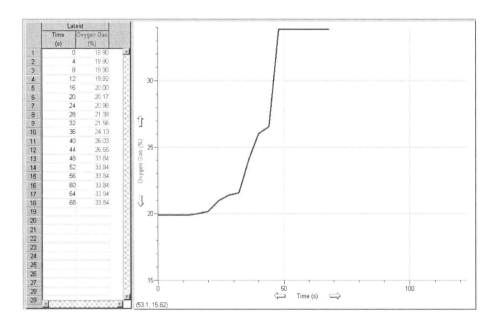

- 시간이 지남에 따라 집기병 속의 산소의 양이 증가하고 있다.
- 시간이 일정 정도 경과하고 나면 산소의 양이 변화를 보이지 않고 일정하게 유지된다.

02 이산화탄소를 발생시켜 성질 알아보기

 들어가기

산소가 호흡이나 연소의 필수 물질인 반면, 이산화탄소는 호흡이나 연소의 자연적 산물이다. 화석연료의 사용이 증가되면서 공기 중의 이산화탄소 비율이 높아졌다. 이러한 이산화탄소의 증가는 산성비의 원인이 되며, 온실효과의 주범이 되기도 한다. 또한, 이산화탄소는 공기보다 무거우며 불을 끄게 하는 특성이 있다.

본 학습주제는 이산화탄소 발생장치를 꾸며 이산화탄소를 발생시키고 포집한 이산화탄소의 성질을 알아보는 내용으로 구성되어 있다. 교과서 내의 이산화탄소 발생 실험에서는 기체의 포집 방법으로 수상치환을 사용하고 있는데 이산화탄소가 모이는 과정을 집기병의 물이 빠져나가는 것으로만 관찰할 수 있는 반면, 이 실험을 MBL 인터페이스와 이산화탄소 센서를 사용하여 실험한다면 이산화탄소의 포집 과정을 모니터상에서 수치로도 확인할 수 있어 실험에 많은 도움이 될 것이다. 또한 이산화탄소의 성질을 실험하기에 앞서 공기가 담긴 집기병과 이산화탄소를 모은 집기병 속의 이산화탄소량을 비교할 수도 있어 이산화탄소 발생과 이산화탄소의 성질을 이해하는 데 효율적일 것이다.

학습목표

• 이산화탄소 발생장치를 꾸며 이산화탄소를 모을 수 있다.
• 실험을 통해 이산화탄소의 성질을 알 수 있다.

준비물

가지달린 삼각 플라스크 1개, 1구 고무마개 1개, 깔때기 1개, 'ㄱ'자 유리관 1개, 고무관 40 cm 1개, 약숟가락 1개, 유리판 3개, 집기병 3개, 비커 2개, 묽은 염산, 조개껍데기, 석회수, 초(크기가 다른 여러 개), 드라이아이스, 사이다, 핀치 클램프, 보안경, 노트북, 이산화탄소 센서, 인터페이스, Logger Pro

실험하기

가. 이산화탄소 발생 장치 꾸미기

1. 가지 달린 삼각 플라스크의 가지에 고무관을 끼운 다음, 조개껍데기를 조금 넣는다.
2. 고무마개를 끼운 유리관을 핀치 클램프를 끼운 고무관을 이용하여 깔때기와 연결한 다음 삼각 플라스크에 끼운다.
3. 가지달린 삼각 플라스크에 연결된 고무관에 다른 'ㄱ'자 유리관을 끼워 기체를 포집할 집기병에 넣는다.
4. 집기병 속에 고무관을 넣을 때 노트북과 인터페이스에 연결된 이산화탄소 센서를 함께 넣어서 장치한다(집기병 마개를 만들어 집기병을 덮고 센서와 'ㄱ'자 유리관을 꽂는다).
5. 집기병 마개의 직경은 6 cm 정도, 센서가 장착될 구멍의 직경은 3 cm 정도, 'ㄱ'자 유리관을 꽂을 구멍은 펀치로 뚫으면 된다.

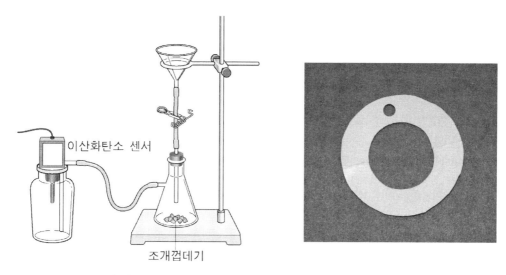

이산화탄소 센서

조개껍데기

〈실험장치 및 두꺼운 도화지를 잘라서 만든 집기병 마개〉

나. 이산화탄소 발생시키기

1. 완성된 이산화탄소 발생장치의 깔때기를 통해 묽은 염산을 조금씩 떨어뜨려서 이산화탄소를 발생시키게 한다. 이때 일어나는 변화를 관찰한다.

2. 묽은 염산을 떨어뜨린 다음 Logger Pro를 가동하고, [▶ Collect] 버튼을 클릭한 다음 시간이 경과함에 따른 집기병 속의 이산화탄소량의 변화를 관찰한다.
   (Experiment/Data Collection 메뉴에서, 측정주기는 4초당 1번 정도로 조정한 후 [▶ Collect] 버튼을 클릭하고, 더 이상 수치의 변화가 없으면 [■ Stop] 버튼을 클릭한다.)

3. 시간의 경과에 따른 이산화탄소량의 변화를 표에 기록해 보자.

시간 이산화 탄소량	처음	10초 경과	20초 경과	30초 경과	40초 경과	50초 경과
집기병 속의 이산화탄소의 양 (ppm)						

4. 시간의 경과에 따른 이산화탄소량의 변화를 그래프로 나타내 보자.

※ X축은 시간, Y축은 이산화탄소의 양

5. 집기병에 이산화탄소를 모아 유리판으로 덮어둔다.

다. 이산화탄소의 성질 알아보기

1. 공기가 들어 있는 집기병과 이산화탄소가 들어 있는 집기병에 이산화탄소 센서를
   장착하여 이산화탄소 함량을 비교한다. Logger Pro를 가동하고, ▶ Collect 버튼을
   클릭한 다음 시간이 경과함에 따른 집기병 속의 이산화탄소량의 변화를 관찰한다.
   (Experiment/Data Collection 메뉴에서, 측정주기는 4초당 1번 정도로 조정한 후
   ▶ Collect 버튼을 클릭하고, 더 이상 수치의 변화가 없으면 ■ Stop 버튼을 클릭한다.)

집기병 이산화 탄소량	공기가 들어 있는 집기병	이산화탄소가 들어 있는 집기병
집기병 속의 이산화탄소의 양 (ppm)		

2. 이산화탄소는 색깔과 냄새가 있는지 알아보자.
3. 이산화탄소가 들어 있는 집기병에서 물체가 타는 모습을 살펴본다.
   • 초에 불을 붙인 다음 이산화탄소가 들어 있는 집기병에 넣어 보고 변화를 관찰한다.
4. 이산화탄소와 석회수의 반응을 알아보자.
   • 이산화탄소가 든 집기병 속에 석회수를 넣고 변화를 관찰한다.
   • 사이다가 든 비커에 석회수를 넣고 변화를 관찰한다.
5. 이산화탄소와 공기의 무게를 비교해 보자.
   • 양팔저울에 빈 종이컵을 매달고 수평이 되게 한 다음, 한쪽 종이컵에 이산화탄소를 조심스럽게 부으면서 어떤 변화가 생기는지 관찰한다.
6. 실험을 통하여 알아낸 이산화탄소의 성질에 대해 발표해 보자.

 **생각해 보기**

1. 완성된 이산화탄소 발생장치의 깔때기에 묽은 염산을 조금씩 떨어뜨리고, 핀치 클램프를 조금씩 열어 묽은 염산이 삼각 플라스크에 떨어지도록 했을 때 일어나는 변화는?

2. 이산화탄소가 발생함에 따라 집기병 속의 이산화탄소량이 어떻게 변화하는지 그리고, 그 이유를 써 보자.

3. 이산화탄소는 색깔과 냄새가 있는가?

4. 실험을 통하여 알아낸 이산화탄소의 성질은?

한걸음 더

1. 높이가 다른 촛불을 여러 개 세우고, 이산화탄소를 바닥쪽으로 살며시 흘려 넣어 보자. 무엇을 관찰할 수 있는가?

2. 수조에 촛불을 세우고 드라이아이스 조각을 바닥에 넣어 주자. 촛불이 어떻게 되는지 살펴보자. 실험결과로 알 수 있는 것은 무엇인가?

이산화탄소를 발생시켜 성질 알아보기

관련 교육 과정 : 초등학교 5~6학년군 '여러 가지 기체'

　이 실험은 초등학교 5~6학년군 '여러 가지 기체' 단원 중 이산화탄소를 발생시켜 성질을 알아보는 실험이다. 이산화탄소를 발생시켜 성질 알아보기의 학습개요를 살펴보면 크게 두 가지로 나눌 수 있는데, 첫째, 이산화탄소 발생시키기와 둘째, 이산화탄소의 성질 알아보기이다. 이산화탄소 발생시키기에서는 이산화탄소 발생 장치를 꾸미고 이산화탄소를 발생시켜 집기병에 모으는 것을 주요 내용으로 하고 있다. 이어서 모아진 이산화탄소를 이용하여 이산화탄소의 색깔과 냄새를 알아보기, 이산화탄소가 든 집기병에 촛불을 넣어보기, 이산화탄소와 석회수와의 반응 알아보기 등을 통해 이산화탄소가 어떤 성질을 가졌는지 알아보는 내용으로 구성되어 있다.

- 주요 개념 : 이산화탄소, 이산화탄소 발생장치, 이산화탄소의 성질
- 탐구 기능 : 측정하기, 그래프 그리기, 분석하기

참고 자료

가. 실험과 관련된 과학개념

1. 석회석 조각

시판되는 탄산칼슘 가루를 그대로 사용하면 반응 시간이 너무 빨라 기체를 포집하기 어렵다. 따라서 석회석을 잘게 부수어 사용하거나 조개껍데기, 달걀 껍데기를 부수어 사용하도록 한다. 조개껍데기나 달걀 껍데기의 주성분은 석회석과 같은 성분으로 되어 있다.

2. 이산화탄소와 석회수와의 반응

$$Ca(OH)_2 + CO_2 \quad \rightarrow \quad CaCO_3\downarrow + H_2O$$

위의 반응식에서는 석회수와 이산화탄소가 반응하여 생성된 탄산칼슘은 물에 침전되어 녹지 않기 때문에 석회수가 흐려지게 된다.

3. 대체실험 : 드라이아이스와 석회수의 반응

• 재료 : 드라이아이스, 풍선, 석회수, 비커
• 실험방법
  – 풍선 속에 드라이아이스를 조금 넣는다.
  – 풍선의 입구를 잘 막고 풍선의 변화모습을 관찰한다.
  – 풍선 안에 든 기체를 석회수가 든 비커에 붓는다.

• 유의점 및 실험결과
  – 드라이아이스를 다룰 때는 면장갑을 끼어 동상을 방지하도록 하며, 풍선의 입구를 잘 막아 풍선 속의 기체가 새어 나가지 않도록 한다. 풍선에 약간의 물을 넣으면 풍선이 더 잘 부풀어 오른다. 풍선이 점점 부풀어 오르고, 석회수가 든 비커에 풍선의 기체를 부으면 석회수가 뿌옇게 흐려진다. 이것으로 보아 드라이아이스가 승화할 때 나오는 기체가 이산화탄소임을 알 수 있다.

나. 실험시 유의사항

1. 실험 장치를 꾸밀 때 집기병을 막을 마개를 따로 제작해야 한다.
2. 유리관 및 고무마개는 가지달린 삼각 플라스크와 정확히 맞는 사이즈를 사용해야 하고 연결 부위에 빈틈이 생기지 않도록 고무찰흙으로 막아준다.
3. 묽은 염산은 한꺼번에 많이 떨어뜨리지 말고 조금씩 핀치 클램프를 열어 떨어뜨리면서 플라스크 속의 변화와 살핀다.
4. 한 번 실험을 한 뒤 재차 실험을 하고자 할 때는 집기병을 꼭 새것으로 사용하고 센서 주위의 공기를 완전히 환기시킨 다음에 실험한다.

 질문에 대한 해답

가. 생각해 보기

1. 완성된 이산화탄소 발생장치의 깔때기에 묽은 염산을 조금씩 떨어뜨리고, 핀치 클램프를 조금씩 열어 묽은 염산이 삼각 플라스크에 떨어지도록 했을 때 일어나는 변화는?
   • 거품이 일어나면서 기체가 발생한다.

2. 이산화탄소가 발생함에 따라 집기병 속의 이산화탄소량이 어떻게 변화하는지 그리고, 그 이유를 써 보자.
   • 집기병 속의 이산화탄소량이 증가한다.

3. 이산화탄소는 색깔과 냄새가 있는가?
   • 무색, 무취

4. 실험을 통하여 알아낸 이산화탄소의 성질은?
   • 색깔이 없다.
   • 냄새가 없다.
   • 공기보다 무겁다.

- 스스로 타지 않고 불을 끄게 하는 성질이 있다.
- 석회수를 뿌옇게 만든다.

나. 한걸음 더

1. 높이가 다른 촛불을 여러 개 세우고 이산화탄소를 바닥쪽으로 살며시 흘려 넣으면, 높이가 낮은 촛불부터 순서대로 불이 꺼진다. 그 이유는 이산화탄소는 공기보다 무겁기 때문에 바닥에서부터 차곡차곡 쌓이기 때문이다.

2. 수조에 촛불을 세우고 드라이아이스 조각을 바닥에 넣어주면 드라이아이스가 기화하면서 촛불이 꺼진다. 그 이유는 드라이아이스는 이산화탄소를 고체화시켜 만든 것이기 때문이다.

 결과 예시

〈4초 간격으로 측정한 이산화탄소량의 변화 – 단위 : ppm〉

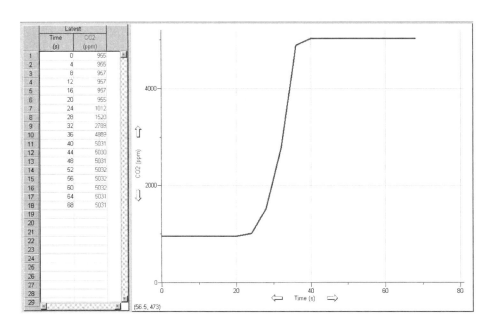

- 시간이 지남에 따라 집기병 속의 이산화탄소의 양이 증가하고 있다.
- 일정 시간이 경과하면 이산화탄소의 양이 변화를 보이지 않고 일정하게 유지된다.

03 여러 가지 방법으로 이산화탄소 모으기

 들어가기

여러분은 이전 학습에서 이산화탄소를 발생시켜 성질 알아보기를 학습하였다. 본 학습 주제는 다른 여러 가지 재료를 이용하여 이산화탄소를 발생시켜 보는 내용으로 구성되어 있다. 꼭 대리석과 묽은 염산으로만 이산화탄소를 발생시킬 수 있는 것은 아니다. 주변의 여러 가지 재료를 이용하여 MBL 실험장치를 꾸미고, 실험을 통해 이산화탄소를 발생시켜 보자. 또한 모니터 상으로 이산화탄소가 모이는 과정을 자세히 살펴보고 어떤 재료를 사용했을 때 빨리 이산화탄소를 모을 수 있는지도 실험을 통해 알아보자.

 학습목표

• 여러 가지 방법으로 이산화탄소를 발생시킬 수 있다.

 **준비물**

(실험 가)

가지달린 삼각 플라스크 1개, 1구 고무마개 1개, 깔때기 1개, 'ㄱ'자 유리관 1개, 고무관 40 cm 1개, 유리판 1개, 집기병 1개, 핀치 클램프, 보안경, 달걀 껍데기, 식초, 노트북, 이산화탄소 센서, 인터페이스, Logger Pro

(실험 나)

가지달린 삼각 플라스크 1개, 고무마개 1개, 'ㄱ'자 유리관 1개, 고무관 40 cm 1개, 유리판 1개, 집기병 1개, 핀치 클램프, 보안경, 드라이아이스, 노트북, 이산화탄소 센서, 인터페이스, Logger Pro

(실험 다)

가지달린 삼각 플라스크 1개, 1구 고무마개 1개, 깔때기 1개, 'ㄱ'자 유리관 1개, 고무관 40 cm 1개, 유리판 1개, 집기병 1개, 핀치 클램프, 보안경, 탄산수소나트륨, 식초, 노트북, 이산화탄소 센서, 인터페이스, Logger Pro

 **실험하기**

가. 달걀 껍데기와 식초로 이산화탄소 발생시키기

1. 가지달린 삼각 플라스크에 달걀 껍데기를 넣는다.
2. 고무마개에 유리관을 끼운 다음 가지달린 삼각 플라스크에 끼운다.
3. 이 유리관과 깔때기를 핀치 클램프를 끼운 고무관으로 연결한다.
4. 가지달린 삼각 플라스크에 연결된 고무관에 다른 'ㄱ'자 유리관을 끼워 기체를 포집할 집기병에 넣는다.

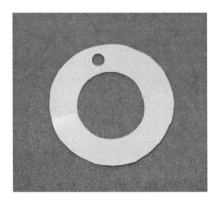

이산화탄소 센서

달걀껍데기

〈실험장치 및 두꺼운 종이를 잘라서 만든 집기병 마개〉

5. 집기병 속에 고무관을 넣을 때 노트북과 인터페이스에 연결된 이산화탄소 센서를 함께 넣어서 장치한다(집기병 마개를 만들어 집기병을 덮고 센서와 'ㄱ'자 유리관을 꽂는다).

6. 집기병 마개의 직경은 6 cm 정도, 센서가 장착될 구멍의 직경은 3 cm 정도, 'ㄱ'자 유리관을 꽂을 구멍은 펀치로 뚫으면 된다.

7. 완성된 이산화탄소 발생장치의 깔때기에 식초, 핀치 클램프를 조금씩 열어 식초가 삼각 플라스크에 떨어지도록 한다. 이때 일어나는 변화를 관찰한다.

8. 식초를 떨어뜨린 다음 Logger Pro를 가동하고, ▶ Collect 버튼을 클릭한 다음 시간이 경과함에 따른 집기병 속의 이산화탄소량의 변화를 관찰한다.
(Experiment/Data Collection 메뉴에서, 측정주기는 4초당 1번 정도로 조정한 후 ▶ Collect 버튼을 클릭하고, 끝나면 ■ Stop 버튼을 클릭한다.)

9. 시간의 경과에 따른 이산화탄소량의 변화를 표에 기록해 보자.

시간 산소량	처음	10초 경과	20초 경과	30초 경과	40초 경과	50초 경과
집기병 속의 이산화탄소의 양 (ppm)						

10. 시간의 경과에 따른 이산화탄소량의 변화를 그래프로 나타내 보자.

※ X축은 시간, Y축은 이산화탄소의 양

나. 드라이아이스로 이산화탄소 발생시키기

1. 가지달린 삼각 플라스크에 드라이아이스를 넣는다.
2. 가지달린 삼각 플라스크에 연결된 고무관에 다른 'ㄱ'자 유리관을 끼워 기체를 포집할 집기병에 넣는다.
3. 집기병 속에 고무관을 넣을 때 노트북과 인터페이스에 연결된 이산화탄소 센서를 함께 넣어서 장치한다(집기병 마개를 만들어 집기병을 덮고 센서와 'ㄱ'자 유리관을 꽂는다).

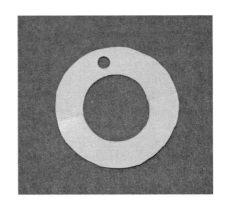

〈실험장치 및 두꺼운 종이를 잘라서 만든 집기병 마개〉

4. 집기병 마개의 직경은 6 cm 정도, 센서가 장착될 구멍의 직경은 3 cm 정도, 'ㄱ'자 유리관을 꽂을 구멍은 펀치로 뚫으면 된다.
5. Logger Pro를 가동하고 ▶Collect 버튼을 클릭한 다음 시간이 경과함에 따른 집기병 속의 이산화탄소량의 변화를 관찰한다.
   (Experiment/Data Collection 메뉴에서, 측정주기는 4초당 1번 정도로 조정한 후 ▶Collect 버튼을 클릭하고, 끝나면 ■Stop 버튼을 클릭한다.)
6. 시간의 경과에 따른 이산화탄소량의 변화를 표에 기록해 보자.

시간 산소량	처음	10초 경과	20초 경과	30초 경과	40초 경과	50초 경과
집기병 속의 이산화탄소의 양 (ppm)						

7. 시간의 경과에 따른 이산화탄소량의 변화를 그래프로 나타내 보자.

※ X축은 시간, Y축은 이산화탄소의 양

다. 식초와 탄산수소나트륨으로 이산화탄소 발생시키기

1. 가지달린 삼각 플라스크에 탄산수소나트륨을 넣는다.
2. 고무마개에 유리관을 끼운 다음 가지달린 삼각 플라스크에 끼운다.
3. 이 유리관과 깔때기를 핀치 클램프를 끼운 고무관으로 연결한다.
4. 가지달린 삼각 플라스크에 연결된 고무관에 다른 'ㄱ'자 유리관을 끼워 기체를 포집할 집기병에 넣는다.

이산화탄소 센서

탄산수소나트륨

〈실험장치 및 두꺼운 종이를 잘라서 만든 집기병 마개〉

5. 집기병 속에 고무관을 넣을 때 노트북과 인터페이스에 연결된 이산화탄소 센서를 함께 넣어서 장치한다(집기병 마개를 만들어 집기병을 덮고 센서와 'ㄱ'자 유리관을 꽂는다).

6. 집기병 마개의 직경은 6 cm 정도, 센서가 장착될 구멍의 직경은 3 cm 정도, 'ㄱ'자 유리관을 꽂을 구멍은 펀치로 뚫으면 된다.

7. 완성된 이산화탄소 발생장치의 깔때기에 식초를, 핀치 클램프를 조금씩 열어 식초가 삼각 플라스크에 떨어지도록 한다. 이때 일어나는 변화를 관찰한다.

8. 식초를 떨어뜨린 다음 Logger Pro를 가동하고, ▶ Collect 버튼을 클릭한 다음 시간이 경과함에 따른 집기병 속의 이산화탄소량의 변화를 관찰한다.
   (Experiment/Data Collection 메뉴에서, 측정주기는 4초당 1번 정도로 조정한 후 ▶ Collect 버튼을 클릭하고, 끝나면 ■ Stop 버튼을 클릭한다.)

9. 시간의 경과에 따른 이산화탄소량의 변화를 표에 기록해 보자.

산소량 \ 시간	처음	10초 경과	20초 경과	30초 경과	40초 경과	50초 경과
집기병 속의 이산화탄소의 양 (ppm)						

10. 시간의 경과에 따른 이산화탄소량의 변화를 그래프로 나타내 보자.

※ X축은 시간, Y축은 이산화탄소의 양

생각해 보기

1. 이산화탄소를 발생시키는 데 사용한 재료는 어떤 것들이 있는가?

2. 이산화탄소가 발생함에 따라 집기병 속의 이산화탄소량이 어떻게 변화하는지 그리고, 그 이유를 써 보자.

3. 이산화탄소의 성질을 써 보자.

한걸음 더

- 식초와 알루미늄 조각을 이용하면 이산화탄소 대신 수소를 발생시킬 수 있다. 식초와 알루미늄 조각을 이용하여 수소를 발생시킬 수 있는 장치를 꾸며 수소를 발생시켜 보자. 그리고 달걀 속에 수소를 모아 수소폭탄을 만들어 보자.

03 여러 가지 방법으로 이산화탄소 모으기

관련 교육 과정 : 초등학교 5~6학년군 '여러 가지 기체'

이 실험은 초등학교 5~6학년군 '여러 가지 기체' 단원 중 여러 가지 방법으로 이산화탄소를 모아보는 실험이다. 학습개요를 살펴보면 드라이아이스, 달걀 껍데기와 식초, 조개껍데기와 묽은 염산, 탄산수소나트륨과 식초 등을 이용하여 이산화탄소를 발생시키는 방법을 알아보고 이산화탄소를 모아 성질을 확인해 보는 내용으로 구성되어 있다. 그밖에 주변의 여러 가지 재료를 이용하여 이산화탄소를 발생시켜 보는 내용으로 실험을 구성한다면 학생들의 적극적인 학습동기를 유발할 수 있을 것이다.

• 주요 개념 : 이산화탄소, 이산화탄소 발생장치, 이산화탄소의 성질
• 탐구 기능 : 측정하기, 그래프 그리기, 분석하기

가. 실험과 관련된 과학개념

1. 석회수 만드는 방법

석회수는 수산화칼슘($Ca(OH)_2$)을 물에 녹인 용액이다. 수산화칼슘은 물에 조금밖에 녹지 않는다. 500 mL의 비커에 수산화칼슘 10 g 정도를 넣은 다음, 물을 조금씩 부으면서 잘 저어준다. 그 다음 이 용액을 그대로 두면, 일부 물에 녹지 않은 수산화칼슘은 비커 바닥에 가라앉고, 나머지 용액을 거름종이로 걸러서 사용한다. 석회수는 만든 다음에 오랫동안 놓아두면 공기 중의 이산화탄소와 반응하여 표면에 흰색의 막이 생긴다. 그러므로 석회수는 사용하기 하루 전에 만들어 두는 것이 좋다.

2. 종유석을 만드는 이산화탄소

땅속에 들어 있는 석회암이 이산화탄소가 포함되어 있는 지하수에 녹으면, 탄산수소칼슘으로 변하여 바위의 갈라진 틈으로 흘러내린다. 이때, 이산화탄소나 물이 공기중으로 빠져나가면 탄산수소칼슘이 탄산칼슘으로 변하여 침전한다. 침전된 탄산칼슘은 동굴의 천장이나 바닥에 천천히 굳게 되어 종유석이 만들어지게 된다.

$$Ca(HCO_3)_2(ag) \rightarrow CaCO_3(s) + CO_2(g) + H_2O(l)$$

3. 이산화탄소의 물에 대한 용해도

20℃, 1기압에서 물 100 mL에 녹는 이산화탄소의 양은 0.17 g 정도이므로, 산소보다 많이 녹는다. 산소는 같은 조건에서 0.006 g 정도 녹는다.

〈실험방법〉

• 이산화탄소가 수상치환으로 집기병에 반 정도 포집되면 물이 있는 그대로 집기병 뚜껑을 닫아 꺼낸다.

- 뚜껑을 한 집기병을 위아래로 세게 흔든다.
- 집기병을 가만히 거꾸로 세웠다가 다시 세워 시험관에 1/4 정도 되게 물을 넣는다.
- 시험관에 BTB용액을 떨어뜨려 색깔의 변화를 살펴본다.

〈실험결과〉

- 집기병을 거꾸로 세워도 뚜껑이 밀착되어 물이 쏟아지지 않는다. 그 까닭은 집기병 안에 있는 물속에 이산화탄소가 어느 정도 녹아 집기병 안의 압력이 낮아졌기 때문이다. 이산화탄소가 녹은 물에 BTB용액을 떨어뜨리면 주황색으로 변하게 되는데, 이것은 이산화탄소 수용액이 산성이라는 것을 나타낸다.

나. 실험시 유의사항

1. 실험 장치를 꾸밀 때 집기병을 막을 마개를 따로 제작해야 한다.
2. 유리관 및 고무마개는 가지달린 삼각 플라스크와 정확히 맞는 사이즈를 사용해야 하고 연결 부위에 빈틈이 생기지 않도록 고무찰흙으로 막아준다.
3. 식초는 한꺼번에 많이 떨어뜨리지 말고 조금씩 핀치 클램프를 열어 떨어뜨리면서 플라스크 속의 변화와 살핀다.
4. 한 번 실험을 한 뒤 재차 실험을 하고자 할 때는 집기병을 꼭 새것으로 사용하고 센서 주위의 공기를 완전히 환기시킨 다음에 실험한다.

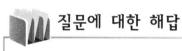 질문에 대한 해답

가. 생각해 보기

1. 이산화탄소를 발생시키는 데 사용한 재료는 어떤 것들이 있나?
   - 탄산칼슘이 들어 있는 물질 : 대리석, 석회석, 조개껍데기, 달걀 껍데기, 소라껍데기, 탄산수소나트륨 등
   - 산성용액 : 묽은 염산, 식초, 레몬즙 등

2. 이산화탄소가 발생함에 따라 집기병 속의 이산화탄소량이 어떻게 변화하는지, 그리고 그 이유는?
   • 집기병 속의 이산화탄소량이 증가한다.

3. 이산화탄소는 어떤 성질이 있나?
   • 색깔과 냄새가 없다.
   • 공기보다 무겁다.
   • 스스로 타지 않고 불을 끄게 하는 성질이 있다.
   • 석회수를 뿌옇게 한다.

나. 한걸음 더

• 달걀수소폭탄 만들기

   〈재료〉음료수 병, 삼각 플라스크, 고무마개, 알루미늄 조각, 유리관, 식초, 달걀

   – 삼각 플라스크에 신맛이 강한 식초를 넣고 알루미늄 조각을 넣은 다음, 유리관을 끼운 고무마개로 막는다.

   – 양쪽에 구멍이 뚫린 빈 달걀의 아래쪽 구멍을 유리관에 가져다 대고 한 손으로는 위쪽 구멍을 막아 수소를 모은다.

   – 수소를 모은 달걀의 위쪽 구멍을 막은 채 음료수 병 위에 놓는다. 손가락을 떼자마자 달걀 구멍에 성냥불을 가져다 대고 뒤로 물러서서 어떤 현상이 일어나는지 관찰한다.

결과 예시

▶ **달걀 껍데기 + 식초**

〈4초 간격으로 측정한 이산화탄소량의 변화 − 단위 : ppm〉

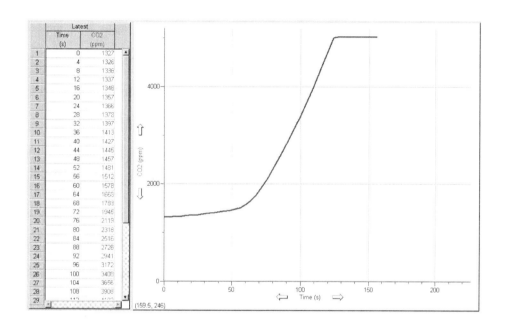

• 시간이 지남에 따라 집기병 속의 이산화탄소의 양이 증가하고 있다.
• 일정 시간이 경과하면 이산화탄소의 양이 변화를 보이지 않고 일정하게 유지된다.

▷ 식초 + 탄산수소나트륨

〈4초 간격으로 측정한 이산화탄소량의 변화 – 단위 : ppm〉

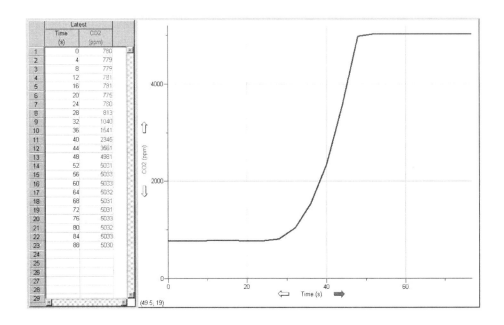

	Time (s)	CO2 (ppm)
1	0	780
2	4	779
3	8	779
4	12	781
5	16	781
6	20	775
7	24	780
8	28	813
9	32	1040
10	36	1541
11	40	2345
12	44	3661
13	48	4981
14	52	5031
15	56	5033
16	60	5033
17	64	5032
18	68	5031
19	72	5031
20	76	5033
21	80	5032
22	84	5033
23	88	5030
24		
25		
26		
27		
28		
29		

- 시간이 지남에 따라 집기병 속의 이산화탄소의 양이 증가하고 있다.
- 일정 시간이 경과하면 이산화탄소의 양이 변화를 보이지 않고 일정하게 유지된다.

04 물을 가열할 때의 온도 변화 측정하기

들어가기

물을 끓이는 과정이나 맛있는 국을 만들기 위해 가스레인지에 냄비를 올려놓고 가열하는 모습은 주위에서 쉽게 접할 수 있다.

이 활동에서는 알코올램프로 물을 가열하면서 물이 끓을 때 나타나는 현상을 관찰하고 온도 센서를 활용하여 일정한 시간 간격으로 온도 변화를 측정한 후, 측정한 결과를 그래프로 그려보는 탐구 과정을 경험할 것이다.

학습목표

• 물을 가열할 때의 온도 변화를 설명할 수 있다.
• 물을 가열할 때, 물의 온도를 측정하고 온도 변화를 그래프로 나타낼 수 있다.

컴퓨터, MBL 인터페이스, 스테인레스 온도 프로브 1개, 스탠드 1개, 비커 1개, 클램프 1개, 삼발이 1개, 쇠그물 1개, 알코올램프 1개, 성냥이나 점화기, 끓임쪽

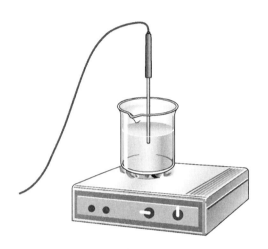

 실험하기

가. 온도 센서를 이용하여 물을 가열할 때 온도 측정하기

1. 물이 들어 있는 비커를 알코올램프로 가열하게 되면 온도가 어떻게 되는지 예상해 보자.
2. 컴퓨터와 온도 센서, 인터페이스를 연결한다.
3. 비커에 물을 약 150 mL 넣는다.
4. 물을 가열할 때 온도 변화를 관찰하고 측정할 수 있는 실험 장치를 꾸민다.
5. 일정한 시간 간격으로 온도를 측정하기 위해 Data collection을 클릭하여 시간을 설정한다.

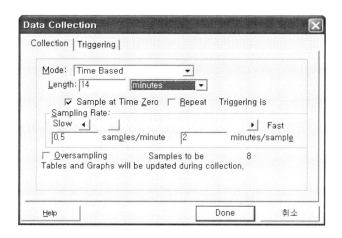

6. 알코올램프에 점화기로 불을 붙인 후 ▷ Collect 를 눌러 온도 변화 자료 수집을 한다.

7. 자료 수집이 끝나면 정지버튼을 눌러 자료 수집을 마치고, File의 Save As를 클릭하여 파일이름을 쓰고 저장한다.

8. 물을 가열할 때의 온도 변화를 다음 표에 기록한다.

시간(분)	처음	2	4	6	8	10	12	14
온도(℃)								

9. 물을 가열할 때의 시간에 따른 온도 변화를 그래프로 나타내어 보자.

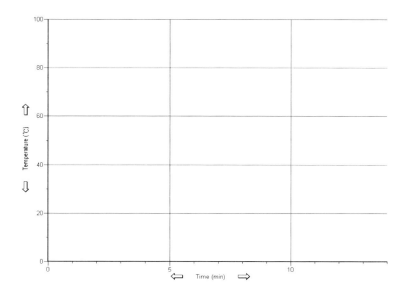

 **생각해 보기**

1. 물이 끓기 전의 모습은 어떠했는지 써보자.
2. 물이 끓기 시작할 때의 모습은 어떠했는지 써보자.
3. 물이 끓고 있는 동안의 모습은 어떠했는지 써보자.
4. 온도 센서로 측정한 결과 값을 보고 물을 가열할 때의 온도 변화는 어떠했는지 설명해 보자.

 **한걸음 더**

• 물을 냉각시킬 때 물의 온도 변화는 물을 가열할 때와 온도 변화가 어떻게 달라지는 지 실험해 보자.

04 물을 가열할 때의 온도 변화 측정하기

 관련 교육 과정 : 초등학교 3~4학년군 '물의 상태변화'

이 실험은 온도 센서를 이용하여 물을 가열할 때의 온도 변화를 측정하는 실험이다. 이 활동에서는 학생들이 알코올램프로 물을 가열하면서 온도 센서를 활용하여 일정한 시간 간격으로 온도 변화를 측정하고 측정한 결과를 그래프로 그려보는 학습을 하게 될 것이다. 학생들이 실험을 통해 물을 가열할 때 나타나는 여러 가지 변화를 세심하게 관찰할 수 있도록 지도한다.

- 주요 개념 : 수증기, 김
- 탐구 기능 : 측정하기, 관찰하기, 자료변환하기

가. 실험과 관련된 과학개념

1. 수증기

물의 기체 상태로 냄새와 색깔을 가지고 있지 않아 그 존재를 알아 내는 것이 쉽지 않다. 기체인 수증기는 우리 눈으로 볼 수 없기 때문에 간접적인 방법으로 수증기의 존재를 확인한다. 주전자에 물을 넣고 끓일 때, 주전자의 입구 부분과 김이 생기는 부분 사이에 아무것도 보이지 않는 약간의 틈이 존재한다. 바로 이 틈이 수증기가 존재하는 공간이다. 아무것도 보이지 않는 이 틈에 유리 막대 같은 것을 가져다 대면 물방울이 맺히게 된다. 따라서 아무것도 보이지 않지만 수증기가 존재한다는 것을 간접적으로 알 수 있다.

2. 김

수증기가 공기 중에 있으면서 냉각되어 작은 물방울로 변한 것으로 엄밀하게는 기체와 액체의 중간 정도의 상태에 가깝다.

나. 실험 시 유의사항

1. 물을 계속 가열하면, 온도가 매우 높아지므로 끓는 물이나 가열 장치로 사용되는 기구에 의해 화상을 입지 않도록 주의시킨다.
2. 물이 갑자기 끓어 넘치는 것을 방지하기 위해 끓임쪽을 넣어 준다.
3. 물을 계속 가열할 때 생기는 변화를 주의 깊게 관찰한다. 기포의 크기, 기포의 발생량, 기포가 발생하는 곳 등을 학생들이 관찰하도록 안내하는 것이 필요하다.
4. 실험이 끝나면 온도 센서에 묻어 있는 물기를 완전히 제거하여 녹슬지 않게 한다.

질문에 대한 해답

가. 생각해 보기

1. 작은 기포가 플라스크의 밑바닥에 생기기 시작한다. 온도가 점점 올라감에 따라 기포가 비커의 바닥에서 떨어져 나와 물 표면으로 올라온다.

2. 김이 계속 나고 커다란 기포가 비커의 밑바닥에서 많이 생기면서 물 표면으로 올라온다. 기포의 움직임 때문에 온도 센서가 약간 흔들린다.

3. 물이 끓기 시작할 때의 모습과 비슷하다. 김이 많이 나고 커다란 기포가 비커의 밑바닥에서 많이 생긴다. 이 기포가 물 표면으로 올라오는데, 기포의 움직임에 의해 온도 센서가 약간 흔들린다.

4. 물을 가열함에 따라 물의 온도가 계속 올라가지만 물의 온도가 일정하게 유지되는 곳도 있다.

 결과 예시

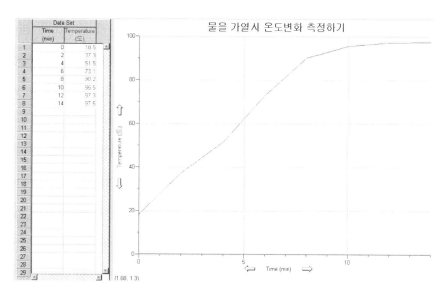

• 물을 가열함에 따라 물의 온도가 계속 올라간다.

05 산성용액과 금속의 반응열 측정하기

 들어가기

  소금이 물에 녹을 때는 두 물질이 자신의 성질을 그대로 가지고 있으면서 겉보기만 변하는데 이러한 현상을 물리 변화라고 하며, 마그네슘 금속이 염산에 녹는 것처럼 물질들이 반응하여 원래의 성질을 잃고 새로운 물질을 생성하는 과정을 화학 변화라고 한다.
  이 활동에서는 산성용액에 금속 조각을 넣은 후, 스테인레스 온도 프로브를 이용하여 산성용액과 금속이 반응할 때 발생하는 반응열을 측정할 것이다.

 학습목표

• 스테인레스 온도 프로브를 이용하여 산성용액과 금속의 반응을 알아본다.
• 온도 센서를 이용하여 산성용액과 금속이 반응할 때 발생하는 반응열을 측정하고 온도 변화를 그래프에 그릴 수 있다.

 **준비물**

컴퓨터, MBL 인터페이스, 스테인레스 온도 프로브 1개, 묽은 염산, 마그네슘 리본 조각(0.3×1.0 cm), 시험관대 1개, 시험관 4개, 핀셋, 스탠드 1개, 클램프 1개

 **실험하기**

가. 온도 센서를 이용하여 산성용액과 금속의 반응열 측정하기

1. 묽은 염산에 넣는 마그네슘 리본 조각의 개수가 증가할수록 온도는 어떻게 되는지 예상해 보자.

2. 4개의 시험관에 묽은 염산을 약 $\frac{1}{4}$ 정도씩 넣는다.

3. 온도 센서, 인터페이스를 연결한 후, Logger Pro를 실행한다.

4. 묽은 염산을 넣은 1개의 시험관에 온도 센서를 아래에서 2 cm 정도 떨어지도록 클램프로 고정한 후 놓은 후에 마그네슘 리본 조각을 1개 넣는다.

5. ▶ Collect 버튼을 클릭하여 마그네슘 리본 조각 1개를 넣을 때 온도 변화 자료 수집을 한다.

6. 2분 동안 자료 수집이 끝나면 ■ Stop 버튼을 누르고 Logger Pro의 File의 Save As를 클릭하여 저장한다.

7. 나머지 3개의 시험관에도 각각 마그네슘 리본 조각을 2개, 3개, 4개 넣은 후, 결과를 기록한다.

마그네슘 리본의 개수	1개	2개	3개	4개
온도				

8. 묽은 염산에 넣는 마그네슘 리본 조각의 개수가 증가할수록 온도는 어떻게 측정되는지 실험 결과를 적어보자.

9. 산성용액에 넣은 마그네슘 리본 조각의 개수에 따른 온도변화를 그래프로 나타내보자.

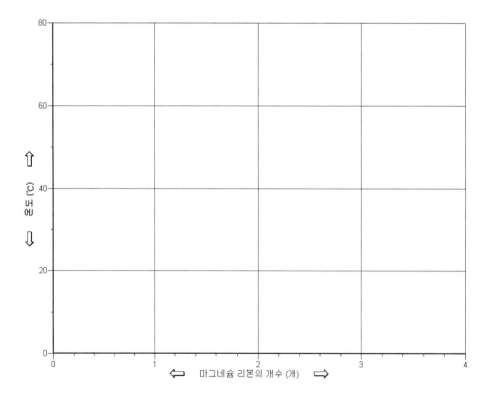

생각해 보기

1. 산성용액과 금속 조각이 반응할 때 나타나는 현상은 무엇인가?
2. 산성용액과 금속 조각이 반응할 때 온도가 올라가는 이유는 무엇이라고 생각하는가?
3. 산성용액에 마그네슘 리본 조각을 넣었을 때 리본 조각 개수와 온도 사이에는 어떤 관계가 있는가?

한걸음 더

- 겨울철에 길 위에 눈이 쌓이게 되면 제설제로 염화칼슘을 뿌리는 것을 볼 수 있는데 이때 눈은 쉽게 녹는다. 염화칼슘이 물에 의해 용해될 때 온도가 어떻게 달라지는지 실험해 보자.
- 염화칼슘은 환경적인 면에서 여러 가지 문제점이 있다고 한다. 제설제로서 염화칼슘의 문제점을 조사해 보고, 이를 대체할 수 있는 친환경 제설제를 고안해 보자.

산성용액과 금속의 반응열 측정하기

관련 교육 과정 : 초등학교 5~6학년군 '산과 염기'
중학교 1~3학년군 '화학반응의 규칙과 에너지 변화'

이 활동에서는 학생이 온도 센서를 이용하여 산성용액에 넣은 마그네슘 리본 조각과 반응열을 측정하여 비교할 것이며, 온도 센서로 반응열을 측정한 결과 마그네슘 리본 조각과 반응열 사이의 관계를 그래프로 그려봄으로써 산성용액과 금속 조각이 반응할 때 발생하는 반응열을 학습하게 될 것이다.

- 주요 개념 : 반응열, 화학반응
- 탐구 기능 : 측정하기, 분석하기, 분류하기, 자료변환하기

참고 자료

가. 실험과 관련된 과학개념

1. 반응열

어떤 반응을 할 때 방출하거나 흡수되는 열로, 반응물과 생성물의 에너지의 차이이다.

즉 화학반응은 일반적으로 열의 출입을 수반하는데, 어떤 반응계가 화학반응에 수반하여 방출 또는 흡수하는 열을 말한다. 반응열이 방출될 때를 발열반응, 흡수될 때를 흡열반응이라고 한다.

2. 화학반응

물질 그 자체 또는 다른 물질과의 상호작용에 의하여 다른 물질로 변하는 현상을 말한다.

나. 실험 시 유의사항

1. 묽은 염산에 마그네슘을 넣으면 열이 발생하여 화상을 입을 수 있으므로 시험관을 만지지 않도록 사전에 주의시킨다.
2. 실험을 할 때 한꺼번에 많은 양의 마그네슘을 넣으면 열이 발생하여 시험관이 깨질 수 있으므로 특별히 주의를 시켜서 안전사고가 발생하지 않도록 한다. 특히 실험용액이 눈에 들어가거나 피부에 닿지 않도록 주의한다.
3. 산성용액과 금속의 반응열 측정시 정확한 측정값을 얻기 위해서는 변인통제를 잘해야 한다. 즉 같은 마그네슘 리본 조각 크기, 시험관에 넣은 묽은 염산의 양, 시험관의 크기 등이 같아야 한다.
4. 이 실험은 보통 3~4분 이내에 실험이 완료되며 1.0 M 염산 20 ml에 마그네슘 리본 1.0cm 1개를 넣으면 온도가 4℃ 정도 상승하고 2개를 넣으면 8℃ 정도 상승한다.
5. 발열 반응의 예는 다음과 같다.
   • 산성의 물질과 염기성 물질(예 : 염산과 암모니아)의 중화 반응
   • 금속과 산의 반응
   • 수산화나트륨의 용해
   • 진한 황산의 물에 의한 희석 과정
   • 염화칼슘이 물에 용해되는 과정

 ## 질문에 대한 해답

1. 산성용액과 금속이 반응할 때 열을 방출하면서 온도가 올라간다고 할 수 있다.

2. 산성용액과 금속이 반응하면 기포와 열이 발생한다. 산성용액과 마그네슘 리본 조각이 반응하여 다른 물질로 변한다.

3. 마그네슘 리본 조각을 많이 넣을수록 온도가 올라간다는 것을 알 수 있다.

 결과 예시

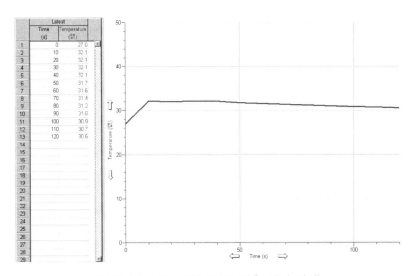

〈마그네슘 리본 조각 1개를 넣을 때의 결과〉

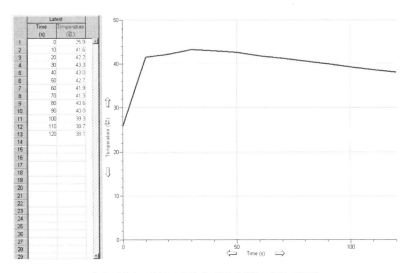

〈마그네슘 리본 조각 2개를 넣을 때의 결과〉

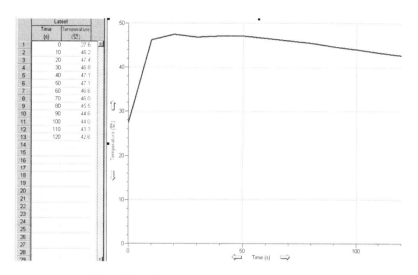

〈마그네슘 리본 조각 3개를 넣었을 때의 결과〉

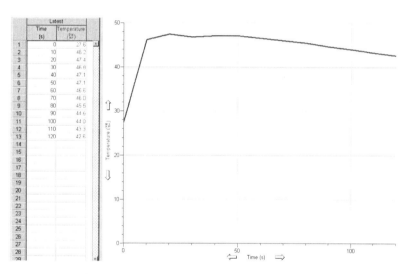

〈마그네슘 리본 조각 4개를 넣었을 때의 결과〉

- 묽은 염산에 넣는 마그네슘 리본 조각의 개수가 증가할수록 온도는 상승한다.

06 pH 센서로 용액 분류하기

들어가기

용액을 분류하는 기준에는 여러 가지 방법이 있다. 용액의 색깔, 투명도, 냄새 등으로 용액을 분류할 수도 있고, 리트머스 종이와 페놀프탈레인 용액의 색깔 변화로 용액을 분류할 수도 있다. 이 활동에서는 pH 센서를 이용하여 여러 가지 용액의 pH를 측정하고 이를 이용하여 산성용액과 염기성용액으로 분류해 보는 활동을 할 것이다.

학습목표

• pH 센서를 이용하여 여러 가지 용액의 pH를 측정할 수 있다.
• 여러 가지 용액을 pH값에 따라 산성용액과 염기성용액으로 분류할 수 있다.

준비물

컴퓨터, MBL 인터페이스, pH 센서 1개, 묽은 염산, 묽은 수산화나트륨, 비눗물, 식초, 사이다, 묽은 암모니아수, 시험관대 1개, 시험관 6개, 스탠드, 클램프 1개

 **실험하기**

가. pH 센서를 사용하여 pH 측정하기

1. 6개의 시험관에 각각 묽은 염산, 묽은 수산화나트륨, 식초, 사이다, 비눗물, 묽은 암모니아수를 $\frac{1}{3} \sim \frac{1}{4}$ 정도 넣는다.

2. 컴퓨터, pH 센서, 인터페이스를 연결한다.

3. 컴퓨터에서 Logger Pro를 실행시킨다.

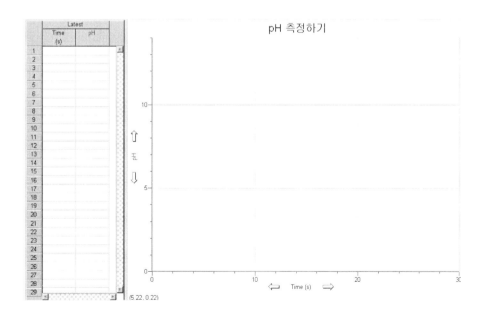

4. pH 센서를 증류수로 깨끗이 씻은 다음 키친 타올로 가볍게 두드려 물기를 닦아
   준다.

5. pH 센서를 수직으로 세워 묽은 염산에 2 cm 정도 잠기도록 담그고 pH를 측정한다.

6.  버튼을 눌러 자료를 수집한다.

7. 용액의 정확한 pH를 알아보기 위해 센서를 30초간 담근 후 평균값을 기록한다.

용액	pH값	비고
묽은 염산		
묽은 수산화나트륨		
식초		
사이다		
비눗물		
묽은 암모니아수		

8. 증류수로 센서의 끝을 세척한 다음 키친 타올로 물기를 제거한 후 나머지 용액에
   대해서도 7~9의 과정으로 pH를 측정한다.

9. 측정한 pH를 산성용액(pH〈7)과 염기성용액(pH〉7)으로 나누어보자.

pH〈7인 용액	
pH〉7인 용액	

생각해 보기

1. 용액을 분류할 수 있는 방법을 적어보자.

2. pH란 무엇인가?

3. 용액마다 pH가 다른 이유는 무엇인가?

4. 용액과 측정된 pH 사이에 어떤 관계가 있는지 토의하고 자신의 생각을 적어보자.

 **한걸음 더**

1. 우리 생활 주변에 있는 여러 가지 물질들의 목록을 정하여 pH 센서로 pH값을 측정해 보자.

2. 사람의 몸에서 분비되는 여러 가지 물질들을 조사하고 pH값을 측정해 보자.

06 pH 센서로 용액 분류하기

관련 교육 과정 : 초등학교 5~6학년군 '산과 염기'

이 실험에서는 pH 센서를 이용하여 여러 가지 용액의 pH를 측정하여 비교할 것이며, 각 용액을 pH에 따라 산성용액과 염기성용액으로 분류할 것이다.

- 주요 개념 : pH, 산, 염기
- 탐구 기능 : 측정하기, 분석하기, 분류하기, 자료변환하기

참고 자료

가. 실험과 관련된 과학개념

1. pH

어떤 용액의 산성이나 염기의 정도를 나타내는 양적인 수치를 말한다. 화학·생물학 등에서 널리 사용되며, 1 L당 약 $1\sim10^{-14}$g의 수소 이온 농도 값을 0~14의 숫자로 전환하여 나타내어 사용한다. 중성인 순수한 물에서 수소 이온의 농도는 1 L당 10^{-7} g당량이고,

이것을 pH 7로 표현한다.

2. 산

황산, 질산, 염산 등과 같이 산성을 나타내는 물질이며, 산의 수용액에는 수소 이온(H^+)이 많이 들어 있으며, 이것이 산의 성질을 나타나게 한다.
- 산은 신맛이 난다.
- 산은 여러 지시약의 색깔을 변화시킨다.
- 산은 마그네슘, 철, 아연 등의 금속과 반응하여 수소를 발생시킨다.

3. 염기

수산화나트륨, 수산화칼륨, 수산화칼슘, 암모니아수 등과 같이 염기성을 나타내는 물질이며, 염기의 수용액에는 수산화 이온(OH^-)이 많이 들어 있으며, 이것이 염기의 성질을 나타나게 한다.
- 염기는 쓴맛이 난다.
- 염기는 피부에 닿으면 미끈거리며, 단백질을 녹이는 성질이 있다.
- 염기는 쇠기름, 바셀린 등의 유지를 녹인다.

나. 실험시 유의사항

1. 염산은 물과 희석하여 묽은 염산으로 사용한다.
2. pH 센서는 사용할 때마다 증류수로 깨끗이 씻은 다음 키친 타올로 가볍게 두드려 물기를 닦아 준다.
   (증류수가 없는 경우에는 pH전극에 묻은 용액을 흐르는 물에 씻어도 무방하다.)
3. pH의 평균값은 다음 그림처럼 시간과 pH를 측정한 수치를 마우스로 블록 설정한 후 █을 클릭하여 확인할 수 있다.

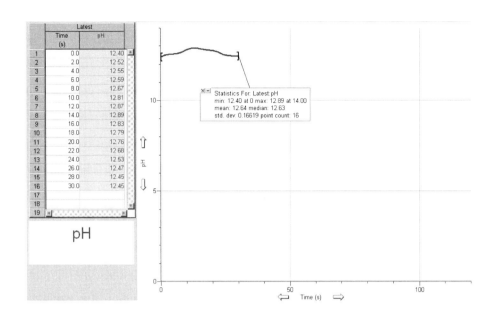

 질문에 대한 해답

가. 생각해 보기

1. 색깔, 냄새, 투명도, 리트머스용액과 페놀프탈레인 등의 지시약의 색변화로 분류할 수 있다.

2. 어떤 용액의 산성이나 염기의 정도를 나타내는 양적인 수치를 말한다.

3. 용액 속에 포함된 수소 이온(H^+)과 수산화 이온(OH^-)의 농도가 다르기 때문이다.

4. pH는 보통 0에서 14까지 표시하는 데 그 값에 따라 산성, 염기성, 중성으로 나눌 수 있다. (중성용액 : pH = 7.0, 산성용액 : pH 〈 7.0, 염기성용액 : pH 〉 7.0)

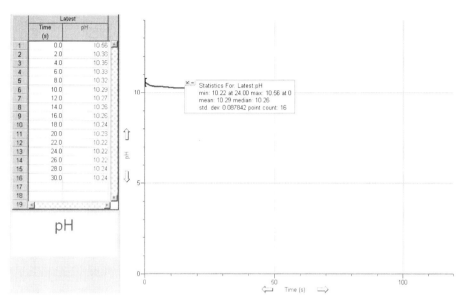

〈비눗물의 pH를 측정한 결과〉

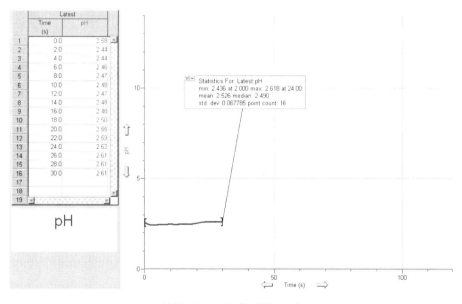

〈식초의 pH를 측정한 결과〉

• 묽은 염산, 식초, 사이다는 산성용액, 묽은 수산화나트륨, 비눗물, 묽은 암모니아수는 염기성용액이다.

 **심화자료**

1. 생활 주변에는 여러 가지 물질들이 많이 있다. 학생들이 모둠별로 토의를 통해서 pH를 측정할 수 있는 목록을 만들게 한 후, pH 센서를 이용하여 pH를 측정하게 할 수 있다.

물질	비누				콜라		과일주스	
	도브	알뜨랑	허브	오이	펩시	코카콜라	오렌지	포도
pH	7.3	9.9	10.1	10.5	2.4	2.4	3.4	3.0

물질	바닷물	바나나	사과즙	당근즙	가정용 암모니아	식초
pH	8.4	4.5	3.0	5.0	11.4	3.0

2. 사람 몸에서 분비되는 물질의 목록을 여러 가지 자료를 통하여 학생들이 조사하여 정하도록 지도하고 우리 몸에서 직접 채취가 가능한 물질은 받아서 pH를 측정하도록 지도한다. 또한 우리들이 평상시 아플 때 먹는 여러 가지 약을 구해서 pH를 측정하도록 지도해 보는 것도 좋다.

물질	혈액	침	위액	간약	모유	오줌
pH	7.3~7.4	5.0~7.5	1.5~2.2	7.2	7.0~7.6	5.0~7.0

07 증발속도 측정하기

 **들어가기**

　젖은 빨래가 마르거나, 염전의 바닷물이 말라서 소금이 생성되는 예와 같이 액체의 표면에 있는 분자들이 분자 운동에 의해 공기 중으로 날아가는 기화 현상을 증발이라고 한다. 이 실험에서는 액체의 증발속도에 영향을 미치는 요인들에 대해 탐구해 볼 것이다.

 **학습목표**

- 증발의 개념을 이해할 수 있다.
- 증발 현상이 일어나는 이유를 설명할 수 있다.
- 증발속도에 영향을 미치는 요인을 알 수 있다.
- 증발속도를 측정하는 실험 장치를 설계할 수 있다.

컴퓨터, MBL 인터페이스, 스테인레스 온도 프로브 2개, 솜, 10 mL 눈금실린더 2개,
스포이드 2개, 아세톤, 증류수, 스탠드, 클램프 2개, 100 mL 비커 2개, 고무 밴드, 셀로판
테이프

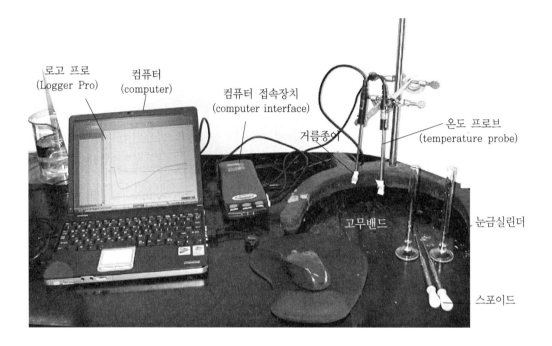

로고 프로
(Logger Pro)
컴퓨터
(computer)
컴퓨터 접속장치
(computer interface)
거름종이
온도 프로브
(temperature probe)
고무밴드
눈금실린더
스포이드

 실험하기

1. 인터페이스와 컴퓨터를 연결하고 인터페이스의 채널 1,2에 온도 센서 2개를 각각
   연결한다.
2. Logger Pro를 연다.

(1) 메뉴바의 experiment에서 data collection을 클릭하여 mode를 time based, Length 를 500seconds 정도로 넉넉히 맞추어준다.

(2) graph options를 클릭하면 제목을 입력할 수 있다.

(3) column options를 클릭하면 x축과 y축의 이름과 단위를 지정할 수 있다.

(4) 그래프를 마우스로 끌고 당기면 축의 높이, 눈금 간격을 조절할 수 있다.

3. 거름종이를 반으로 잘라 두 개의 온도 센서에 각각 감싼 후 셀로판테이프나 고무 밴드로 고정한다.

4. 2 mL의 물과 아세톤을 각각 준비한다.

5. ▷ Collect 버튼을 누른 후, 스포이트를 이용하여 물과 아세톤을 각각의 거름종이에 적신다(이때 물과 아세톤이 바닥에 떨어지지 않도록 주의한다. 실험 전에 물과 아세톤의 온도를 동일하게 맞춰놓고 실험하면 좀 더 보기 쉬운 그래프를 얻을 수 있다).

6. 시간에 따른 온도 변화를 관찰한다.

〈그래프를 붙이세요.〉

〈물과 아세톤의 증발에 따른 온도변화〉

 **생각해 보기**

1. 증발이란 무엇인가?
2. 시간에 따른 온도 변화가 큰 물질은 무엇인가?
3. 2와 같은 현상이 나타나는 이유는 무엇인가?

 **한걸음 더**

1. 에탄올을 사용하여 실험하면, 시간에 따른 온도변화 그래프에서 물보다는 크지만 아세톤보다는 작은 음의 기울기를 나타낸다. 그 이유는 무엇일까?

2. 이 실험에 의한 요인 외에 증발에 영향을 끼치는 다른 요인을 조사해 보자.

07 증발속도 측정하기

관련 교육 과정 : 중학교 1~3학년군 '물질의 상태변화'

이 실험은 분자 사이의 인력에 따른 증발속도를 비교해 보는 실험이다. 교과서에서 다뤄지는 증발의 효과는 온도, 습도, 바람, 표면적 정도이며, 분자 간의 인력은 비중 있게 다뤄지지 않는다. 그러나 실험 결과가 명확하게 나타나며 측정하기 쉬우므로 직접 체험을 통해 실험하면 학습에 큰 효과를 줄 것이다. 또한 상태변화와 에너지에서 상태변화를 설명할 때 분자 간의 인력을 언급하게 되므로 이 실험 결과를 상태변화와 관련시켜 설명하면 학습에 많은 도움이 될 것이다.

- 주요 개념 : 증발, 상태변화, 분자 간의 인력
- 탐구 기능 : 측정하기, 분석하기, 추리하기, 실험설계

가. 실험과 관련된 과학개념

1. 증발

액체 표면에서 분자가 떨어져 나와 기체로 되는 현상을 말한다. 액체 내부의 분자는 주변의 분자에 의해 인력이나 척력이 작용하며 그 힘의 크기와 방향이 제멋대로 변해서 평균적으로 보면 거의 0이 된다. 그러나 가장자리의 분자는 집단 내부로 향하는 힘을 받고 있어서 집단에서 약간 떨어져 나간 위치로 가게 되면 언제나 내부에서 끌어당기는 힘이 생겨나 그 집단을 잘 벗어나지 못한다. 그러나 반데르발스 힘은 가까운 거리에만 작용하기 때문에 액체 표면 분자들 중에서 반데르발스 거리를 박차고 나갈 정도로 충분한 에너지를 가진 것은 액체의 표면에서 탈출하게 되는데 이를 증발(evaporation)이라 한다.

예) 풀잎에 맺힌 이슬이 해가 뜨면 사라진다, 젖은 빨래가 마른다, 방 안에 있는 어항의 물이 점점 줄어든다, 바닷물을 증발시켜 소금을 얻는다.

2. 분자 간의 인력과 증발

액체 내부에서 열적인 요동에 의해 충분한 에너지를 가진 분자만이 증발될 수 있기 때문에 증발이 일어나면 액체의 내부 에너지는 줄어들게 된다. 즉, 평균 에너지보다 큰 에너지를 가진 분자가 증발하기 때문에 액체는 에너지를 약간 잃고 온도가 낮아지게 되는 것이다. 그러나 액체의 온도가 낮아지면 큰 값의 내부에너지를 가진 분자가 점차 줄어들기 때문에 외부의 열량 공급이 없다면 끊임없이 증발이 일어날 수 없으며, 증발된 분자도 액체 부근을 지날 때에 다시 액체에 붙잡히게 된다.

3. 증발열

증발이 일어나면서 가져가는 에너지를 증발열(heat of evaporation)이라 하며, 1몰의 분자를 액체에서 떼어놓기 위한 증발열을 몰증발열이라고 한다. 1몰의 물을 증발시키는데 0°C에서는 45 J, 20°C에서는 44.16 J, 50°C에서는 42.86 J, 100°C에서는 40.6 J이 필요하다. 20°C의 수은 1몰의 경우 63.2 J이 필요한데, 이는 물질에 따라 구성 분자의 분자력에 약간의 차이가 있기 때문이다.

4. 증발이 잘 일어나는 조건

- 온도가 높을수록
- 습도가 낮을수록
- 바람이 세게 불수록
- 표면적이 넓을수록

나. 실험 시 유의사항

1. 이 실험에서 사용하는 스테인레스 온도 프로브(Stainless Steel Temperature Probe)의 측정범위는 $-40 \sim 130\,^{\circ}\mathrm{C}$이며, 온도 프로브는 인터페이스에 연결하고 Logger Pro 프로그램을 실행시키면 자동 인식된다.
2. 거름종이에 액체를 떨어뜨릴 때는 같은 양의 액체를 가능한 동시에 떨어뜨리도록 하며, 바닥에 떨어뜨리지 않도록 주의한다.
3. 바람이 불면 증발이 보다 빠르게 일어나므로, 창문을 닫아 바람을 차단하며, 같은 장소에서 실험하도록 한다.
4. 온도 센서는 한 번 사용하고 나면 잘 닦고 말려서 다시 사용한다.

 질문에 대한 해답

가. 생각해 보기

1. 액체의 표면에 있는 분자들이 분자 운동에 의해 공기 중으로 날아가는 기화현상
2. 아세톤
3. 증발은 액체 표면에 있는 분자들이 분자 사이의 인력을 이겨내고 공기 중으로 날아가는 현상이다. 따라서 분자 간의 인력이 약한 물질일수록 증발이 잘 일어나며, 이때 증발열을 흡수하므로 온도가 내려가게 된다. 즉, 아세톤 분자 사이의 인력이 물보다 약하기 때문에 아세톤의 온도 하강 기울기가 더 크다.

나. 한걸음 더

1. 에탄올은 물보다는 작지만 아세톤보다는 큰 분자 사이의 인력을 갖고 있기 때문이다.

2. 같은 액체의 경우 증발 현상은 온도가 높을수록, 습도가 낮을수록, 바람이 세게 불수록, 표면적이 넓을수록 잘 일어난다.

 결과 예시

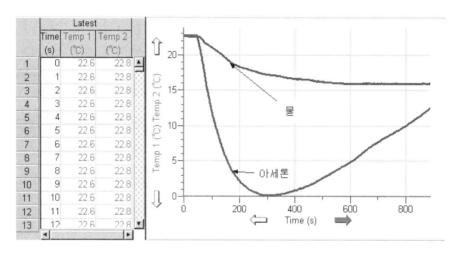

〈물과 아세톤의 증발에 따른 온도변화〉

- 아세톤은 빠른 속도로 온도가 떨어지므로, 아세톤의 증발속도가 더 빠르다.
- 아세톤을 이루는 분자 간의 인력은 물 분자 사이의 인력보다 작다.

 심화자료

- 증발에 영향을 끼치는 요인을 살펴보고, 요인에 따른 증발 효과를 알 수 있는 실험설계를 한다. 또한 직접 실험을 통해 그 효과를 검증해 볼 수 있다.

08 보일 법칙

들어가기

　주사기의 끝을 손으로 막고 피스톤을 누르면 주사기의 부피가 줄어든다. 이는 주사기를 누르는 압력으로 인해 주사기 속 기체의 부피가 감소하였기 때문이다. 이 실험에서는 기체 압력 센서를 이용하여 기체의 압력과 부피 사이의 관계를 알아볼 것이다. 이때 실험이 진행되는 동안의 온도는 일정하다고 가정한다. 기체의 압력과 부피 사이의 관계는 1662년 로버트 보일(Robert Boyle)에 의해 밝혀졌으며 그 이후로 보일 법칙이라고 일컬어지고 있다.

학습목표

- 기체의 압력과 부피 사이의 관계를 그래프를 통해 이해할 수 있다.
- 기체의 압력과 부피 사이의 관계를 수학적으로 나타낼 수 있다.
- 부피나 압력을 이용하여 다른 값을 예측할 수 있다.

 준비물

컴퓨터, Logger Pro 프로그램, MBL 인터페이스, 기체 압력 센서, 20 mL 주사기

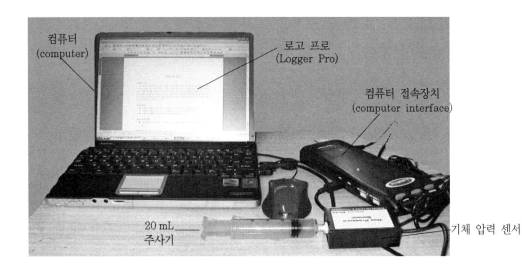

 실험하기

1. 기체 압력 센서를 인터페이스의 채널 1에 꽂는다.
2. 주사기의 피스톤(피스톤의 두꺼운 검정 부분 앞쪽 끝)을 5.0 mL가 적힌 부분까지 밀어 넣는다.

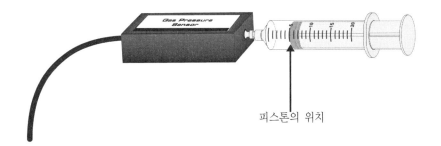

피스톤의 위치

3. 주사기를 압력 센서에 연결한다.

4. 주사기의 부피가 측정하는 전체 부피가 아님에 주의한다. 즉, 압력 센서의 내부에도 약간의 공간(0.8 mL)이 있으며, 그 부피를 고려해야 하므로 주사기 눈금이 5.0 mL라면 0.8 m를 더하여 5.8 mL로 기록한다.

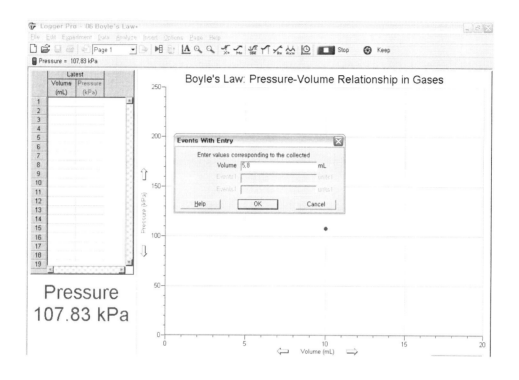

5. ▶ Collect 버튼을 클릭하고 기체의 압력과 부피 자료를 수집한다. 한 사람이 주사기를 누르고 다른 사람은 컴퓨터를 조작하는 것이 효율적이다.

6. 주사기의 부피가 5.0 mL가 되도록 피스톤을 정확하게 조정하고,(피스톤의 앞쪽 끝이 숫자 5.0 mL를 가리키도록 한다.) 압력이 일정한 값을 나타낼 때까지 피스톤을 계속 누르고 있도록 한다.

7. 압력이 일정해졌을 때 Keep 버튼을 클릭한다. (피스톤을 누르는 사람은 Keep 버튼을 누른 후에 잠시 쉴 수 있다.) edit box에 전체 기체의 부피를 적은 후, (압력 센서 자체의 공간을 고려하여 주사기 부피에 0.8 mL를 더해서 5.8 mL와 같이 적도록 한다.) ENTER 키를 누른다(ENTER키를 누르기 전에 ESC버튼을 누르면 압력 값을 취소할 수 있다).

8. 피스톤을 7.0 mL까지 끌어당긴 후 압력이 일정한 값을 나타내면 [Keep] 버튼을 클릭하고 전체 부피를 7.8 mL로 적는다.

9. 부피를 9.0, 11.0, 13.0, 15.0, 17.0, 19.0 mL로 순서대로 증가시키면서 실험하고, 끝나면 [■ Stop] 버튼을 클릭한다.

10. 실험 결과를 표에 기록하고 그래프를 분석한다. Curve Fit 버튼인 [📈]를 클릭(혹은 analyze − Curve Fit)하고 왼쪽 아래에 있는 General Equation에서 Variable Power (y = Ax^n)를 선택한다. power값에는 적절한 수 n을 적는데, 비례관계인 경우 1, 반비례 관계인 경우 −1을 적는다. [Try Fit] 버튼을 클릭하고 ok버튼을 클릭한다. 그래프를 통해 두 변인 사이의 관계를 수학적으로 분석한다(단, Fit type은 automatic으로 한다).

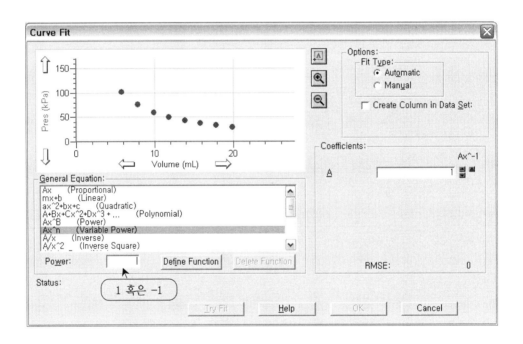

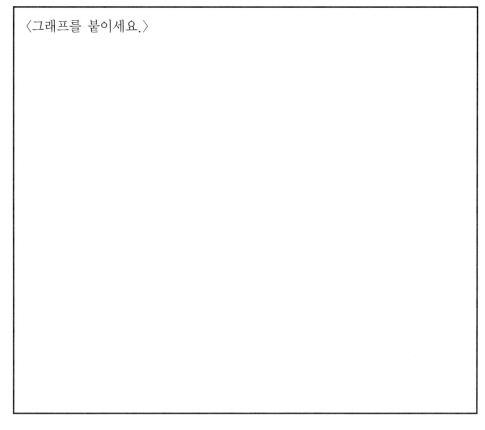

〈그래프를 붙이세요.〉

〈기체의 압력과 부피의 관계〉

 생각해 보기

1. 결과로 얻어진 그래프에서 Analyze – Interporate를 선택한다. 마우스를 움직이면 수직선이 나타나며 그래프의 각 점에 해당하는 부피와 압력 값이 박스에 나타난다. 부피 값이 5.0 mL인 지점으로 커서를 움직이고 대응하는 압력 값을 읽는다. 부피가 두 배인 10.0 mL가 되는 점까지 커서를 움직인다. 압력은 얼마인가?

2. 1과 같은 방법을 통해 부피가 20.0 mL에서 10.0 mL로 감소할 때 압력은 어떻게 되는지 쓰시오.

3. 1과 같은 방법을 통해 부피가 5.0 mL에서 15.0 mL로 증가할 때 압력은 어떻게 되는지 쓰시오.

4. 그래프를 통해 압력과 부피 사이의 관계가 비례인지 반비례인지 쓰고 설명하시오.

5. 관찰 결과에 기초하여 부피가 40.0 mL로 증가하면 압력은 어떻게 되는지 쓰시오.

6. 관찰 결과에 기초하여 부피가 2.5 mL로 감소하면 압력은 어떻게 되는지 쓰시오.

7. 이 실험에서 일정하게 유지되어야 하는 변인은 무엇인가?

8. 기체의 압력과 부피 사이의 관계가 비례관계이면 $k = P/V$가 성립하고, 반비례 관계이면 $k = P \times V$가 성립한다. 4번 답에 비추어 적절한 식을 선택하고 k값을 계산하여 아래 표에 적으시오.

〈기체의 부피와 압력〉

부피(mL)	압력(kPa)	상수, k (P/V 혹은 $P \cdot V$)

9. 8번에서 계산한 k값은 상수(일정한 값)인가? (좋은 결과는 약간의 편차가 있지만 대체적으로 일정한 값이다.)

10. 보일 법칙은 P, V, k을 이용하여 나타낸 식이다. 보일 법칙을 정확하게 식으로 나타내시오.

 한걸음 더

1. 압력과 부피의 역수($1/V$) 사이의 관계를 그래프로 그려보자.
   - Curve Fit box 창을 없앤다.
   - Data – New Calculated Column을 선택한다.

- Name에 1/Volume을 적고 Equation의 edit box에 1/Volume(혹은 $1/V$)을 입력한다. 이것은 "1/"를 입력하고 Variable list에서 "Volume"을 선택하면 된다. Done 을 클릭한다.
- x축의 이름명을 한 번 클릭하고 "1/Volume"을 선택한다.

2. 압력과 부피의 역수($1/V$) 사이의 관계가 비례인지 반비례인지 알아보자.
- Curve Fit 버튼인 을 클릭한다.
- 왼쪽 아래의 목록에서 Variable Power을 선택한다. 그래프의 관계를 나타내는 power의 값을 edit box에 적는다. (예를 들어, 비례 관계는 1, 반비례 관계는 −1로 적는다.) Try Fit 버튼을 클릭하여 곡선이 각 데이터의 점과 잘 일치할 때 OK 버튼을 클릭한다.
- P와 V 사이의 관계가 반비례이면 P와 $1/V$는 비례 관계이다. 즉 곡선은 선형이 될 것이다. 그래프에서 선형으로 나타나는지 확인해 보자.

보일 법칙

관련 교육 과정 : 중학교 1~3학년군 '기체의 성질'

이 실험은 기체의 압력과 부피 사이의 관계를 알아보는 실험이다. 이 실험에서는 기체 압력 센서를 이용하여 주사기로 기체의 부피를 변화시키면서 나타나는 압력 변화를 그래프로 나타낸 후, 이를 분해함으로써 보일 법칙을 유도할 것이다.

• 주요 개념 : 기체, 압력, 부피, 보일 법칙
• 탐구 기능 : 측정하기, 분석하기, 추리하기, 일반화

참고 자료

가. 실험과 관련된 과학개념

1. 기체의 압력과 부피의 관계

외부 압력을 2배로 증가시키면, 기체의 부피(V)는 1/2배로 감소한다. 부피가 변해도 밀폐된 용기이므로 내부 기체의 분자 수는 변하지 않으며, 온도가 일정하기 때문에 분자의

운동속도도 일정하다. 그러므로 용기 벽에 단위 면적당 충돌하는 분자의 수는 2배로 증가하게 되고, 기체의 내부 압력(P)은 2배로 증가한다. 즉, 외부 압력을 2배로 증가시키면 기체의 내부 압력도 2배로 증가한다. 이 실험에서는 기체의 내부 압력은 직접 측정하기 어려우므로 외부 압력에 의해 간접적으로 측정하였다.

온도가 일정할 때 기체의 내부 압력(P)과 부피(V)는 서로 반비례 관계이며, 이를 '보일 법칙(Boyle's law)'이라고 한다.

$$압력(P) \times 부피(V) = k \quad (k : 상수)$$

2. 보일 실험

보일(Robert Boyle, 1627~1691)은 J자 모양의 관을 이용하여 압력과 부피의 관계를 조사하였다. J자 관에 기체를 채우고 수은을 넣은 후, J자 관의 열린 쪽의 압력을 다르게 하였다. 압력이 변함에 따라 기체의 부피와 수은 면의 높이 차(h)를 측정하였는데 그 실험 결과는 다음과 같다.

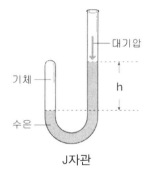

J자관

기체의 부피(mL)	높이차(cm)	기체의 압력(mmHg) (대기압+h를 변화시키는 압력)
48	0	760
24	76	1520
12	152	3040

실험을 통해 온도가 일정할 때 기체의 압력과 부피는 반비례한다는 결론을 얻을 수 있었다.

나. 실험 시 유의사항

1. 기체 압력 센서는 0 kPa에서 210 kPa(0기압~2.1기압)까지 측정할 수 있다.

2. 주사기의 부피가 측정하는 전체 부피가 아님에 주의한다. 즉, 압력 센서의 내부에도 약간의 공간(0.8 mL)이 있으며, 그 부피를 고려해야 하므로 주사기 눈금이 5.0 mL라면 0.8 m를 더하여 5.8 mL로 기록한다.

3. 부피를 측정할 때는 주사기 피스톤의 검은 굵은 부분의 앞쪽이 주사기의 눈금에 맞게 놓고 측정한다.

4. 여러 번의 실험을 거쳐 평균값을 취하면 좀 더 신뢰적인 해답을 얻을 수 있다.

5. k값은 Logger Pro에 제시된 data를 엑셀 프로그램으로 복사하여 빠르게 계산할 수 있다.

 ## 질문에 대한 해답

가. 생각해 보기

1.

부피(mL)	압력(kPa)	비고
5.0	118.9	압력이 약 1/2배로 감소한다.
10.0	59.7	

2.

부피(mL)	압력(kPa)	비고
20.0	29.8	압력이 약 2배로 증가한다.
10.0	59.7	

3.

부피(mL)	압력(kPa)	비고
5.0	118.9	압력이 약 1/3배 감소한다.
15.0	39.6	

4. 반비례, 부피가 증가함에 따라 압력이 비례적으로 감소한다.

5. 14.9 kPa

6. 243.1 kPa

7. 온도

8. 〈기체의 부피와 압력〉

부피(mL)	압력(kPa)	상수, k (P/V 혹은 $P \cdot V$)
5.8	102.2	593.3
7.8	76.5	596.9
9.8	60.9	596.6
11.8	50.6	597.0
13.8	43.2	595.8
15.8	38.1	602.3
17.8	33.7	600.1
19.8	30.3	599.6

9. 대체적으로 일정하다.

10. $P \times V = k$

나. 한걸음 더

1. 비례 관계의 그래프가 나타난다.

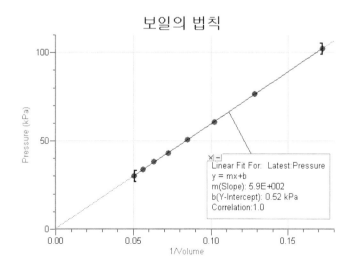

2. P와 $1/V$는 비례 관계이다.

 **결과 예시**

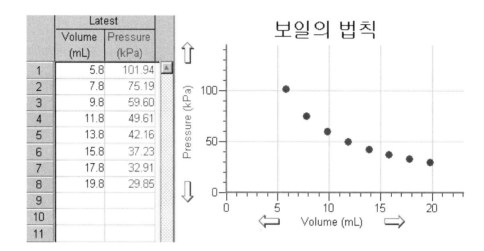

	Latest	
	Volume (mL)	Pressure (kPa)
1	5.8	101.94
2	7.8	75.19
3	9.8	59.60
4	11.8	49.61
5	13.8	42.16
6	15.8	37.23
7	17.8	32.91
8	19.8	29.85
9		
10		
11		

• 온도가 일정할 때, 기체의 압력과 부피는 반비례한다.

09 기체의 온도와 부피의 관계

들어가기

  찌그러진 탁구공은 뜨거운 물속에 넣으면 팽팽해진다. 그 이유는 기체에 열을 가하면 분자 운동이 활발해져서 용기의 벽에 충돌하는 힘이 커지므로 기체의 압력이 커지는데, 이 압력을 외부 압력(대기압)과 맞추기 위해서는 기체의 부피가 늘어나야 하기 때문이다. 이 실험에서는 주사기를 이용하여 기체의 온도와 부피 사이의 관계를 알아볼 것이다.

학습목표

- 온도에 따른 기체의 부피 변화를 이해할 수 있다.
- 측정한 자료와 그래프를 분석할 수 있다.
- 기체의 부피변화를 기체 분자의 충돌 횟수로 설명할 수 있다.

컴퓨터, MBL 인터페이스, 스테인레스 온도 프로브, 125 mL 삼각 플라스크(혹은 100 mL 삼각 플라스크), 1개의 구멍이 뚫린 고무마개(기체 압력 센서와 함께 들어 있는 마개의 구멍을 2-way 밸브 등을 이용하여 한쪽을 막은 후 사용할 수 있다), 스탠드, 클램프 2개, 얼음물, 1 L 비커, 3-way 밸브, 주사기(주사기 끝은 3-way 밸브에 꽂을 수 있도록 나사모양의 것으로 사용), 뜨거운 물

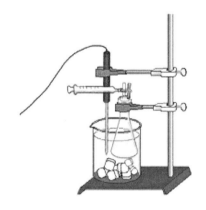

 실험하기

1. 1 L 비커에 얼음물을 700 mL 정도 담는다.
2. 온도 센서를 채널 1에 꽂고, 컴퓨터와 인터페이스를 연결한다.
3. 고무마개의 한쪽에 3-way 밸브를 연결하여 주사기를 꽂는다(3-way 밸브는 모든 방향으로 열어둔다).
4 마개를 플라스크에 꽂는다(이때 마개의 어느 부분도 새는 곳이 있어서는 안 된다. 기체 압력 센서와 함께 들어 있는 마개를 이용하는 것이 좋다).
5. 얼음물에 온도 센서와 삼각 플라스크를 넣는다.
6. 0℃가 될 때 3-way 밸브의 주사기 쪽과 플라스크 쪽은 연 상태로 두되, 나머지 다른 한쪽은 잠근다.
7. Logger Pro 프로그램을 연다.

(1) 메뉴바의 experiment에서 data collection을 클릭하여 mode를 events with entry로 놓는다. column엔 부피, units엔 mL를 입력한다.

(2) graph options를 클릭하면 제목을 입력할 수 있다.

(3) column options를 클릭하면 x축과 y축의 이름과 단위를 지정할 수 있다.

(4) 그래프를 마우스로 끌고 당기면 축의 높이, 눈금 간격을 조절할 수 있다.

(5) 자료 수집 후, 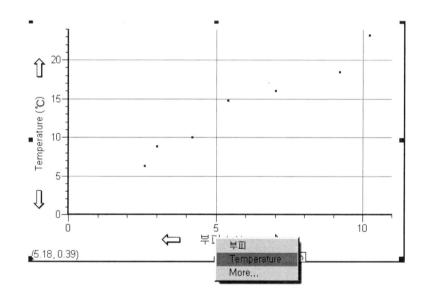버튼을 클릭하면 화면 크기에 적절한 그래프의 모양을 얻을 수 있다.

(6) 그래프의 x축과 y축을 변경하고 싶을 때는, 아래 그림과 같이 그래프의 이름값을 한 번 클릭하여 변화시키고자 하는 변인으로 바꿔주면 된다.

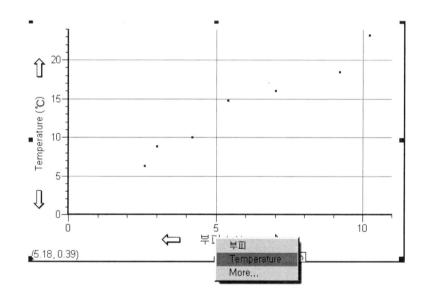

8. ▷ Collect 를 클릭하고 Keep 버튼을 눌러 0℃때의 주사기의 부피인 0(mL)를 입력한다.

9. 온도가 올라가면서 주사기의 피스톤이 1 mL씩 움직일 때마다 Keep 버튼을 클릭하여 그때의 부피를 입력한다(얼음물이 천천히 녹아 시간이 오래 걸릴 경우, 소량의 더운 물을 조금씩 부어주면서 관찰할 수 있다. 이때는 피스톤이 더 이상 움직이지 않는 평형 상태의 값을 입력해야 한다).

10. 실험이 끝나면 ■ Stop 버튼을 클릭한다.

11. 실험 결과 얻어진 그래프를 프린트하고, 기체의 온도와 부피 사이의 관계를 분석한다.
12. data를 처리할 때는 다음의 방법을 활용할 수 있다.

- 그래프를 외삽하거나 선으로 연결하고 싶을 때는 메뉴 바의 analyze - linear fit을 클릭하면 된다. 혹은 그래프에서 실험결과와 잘 맞는 부분을 마우스로 drag 한 후 analyze - linear fit을 클릭한다.
- analyze - interpolate를 클릭하면 그래프에서의 마우스의 위치에 따라 해당하는 온도와 부피 값을 읽을 수 있으며, 여기에 analyze - examine을 클릭하면 그래프의 연장선에 해당하는 다른 값도 유추할 수 있다.
- 그래프 위에서 마우스 오른쪽 버튼을 클릭한 후 graph options를 클릭하고 appearance에서 connect points를 클릭하면 점들이 연결된다.
- data가 잘못 측정되어 몇 개의 data만 삭제하고 싶은 경우, 해당 data를 클릭한 후, edit - strike through data cells를 누르면 그 data만 삭제된 형태의 그래프를 얻을 수 있다.

〈그래프를 붙이세요.〉

〈온도에 따른 기체의 부피 변화〉

생각해 보기

1. 기체의 온도가 증가할수록 부피는 어떻게 변하는가?
2. 이 실험은 기체의 온도와 부피의 관계를 알아보는 실험이다. 이때 반드시 일정하게 유지시켜줘야 할 변인은 무엇인가?

   (변인이란 실험에 영향을 주는 요소를 말하며, 이 실험에서 변하는 변인은 온도와 압력이다.)
3. 기체의 온도와 부피와의 관계를 분자 충돌 횟수와 관련하여 설명하시오.

한걸음 더

• 과학자 샤를은 커다란 직경 30피트의 열기구를 이용하여 1.5 mile의 거리를 여행했다고 한다. 열기구가 작동하는 원리를 설명하시오.

09

기체의 온도와 부피의 관계

 관련 교육 과정 : 중학교 1~3학년군 '기체의 성질'

이 실험은 온도에 따른 기체의 부피변화(샤를 법칙)를 측정해 보는 실험으로, 주사기를 이용하여 온도에 따른 기체의 부피변화를 그래프로 관찰할 것이다. 심화적으로 이 실험을 좀 더 정교히 하면 절대 영도의 개념을 이끌어 낼 수 있는데, 이를 이용하면 샤를 법칙을 정성적으로 이해할 수 있다.

• 주요 개념 : 온도, 부피, 절대 영도
• 탐구 기능 : 측정하기, 분석하기, 추리하기, 일반화하기

 **참고 자료**

가. 실험과 관련된 과학개념

1. 기체의 온도와 부피의 관계

• 압력이 일정할 때, 온도가 높아지면 기체의 부피가 증가하고, 온도가 낮아지면 기체의 부피가 감소한다.

$$\frac{T_1}{T_2} = \frac{V_1}{V_2}$$

• 기체 분자 운동과 부피

압력이 일정할 때, 온도가 올라가면 기체의 분자 운동이 활발해지고 분자 충돌횟수가 증가하여 용기 벽면에 미치는 기체의 압력도 커지게 된다. 따라서 외부 압력과 같아지기 위해 기체는 팽창하며 부피가 증가하게 된다.

2. 샤를 법칙

• 압력이 일정할 때 기체의 부피는 그 종류에 관계없이 온도가 1℃ 올라갈 때마다 0℃ 때 부피의 1/273배씩 증가한다.

$$V = V_0 \times (1 + \frac{t}{273})$$

(t는 ℃, V_0는 0℃ 때의 부피)

• 절대 영도(absolute zero)

기체의 온도와 부피 곡선에서 부피가 0이 될 때의 온도로 약 −273.15℃이다.

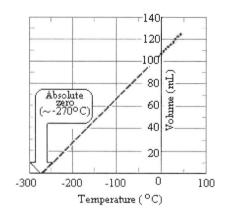

- 샤를 법칙의 예
  - 찌그러진 탁구공을 뜨거운 물속에 넣으면 펴진다.
  - 여름철 과자 봉지가 부푼다.

나. 실험 시 유의사항

1. 이 실험에서 사용하는 스테인레스 온도 프로브(Stainless Steel Temperature Probe)의 측정범위는 −40~130℃이다. 온도 프로브를 인터페이스에 연결한다.
2. 마개는 플라스크에 꼭 맞게 하여 바람이 새지 않게 한다.
3. 온도가 쉽게 내려가지 않으면 소량의 더운물을 조금씩 넣어 줄 수 있다.
4. 주사기의 부피를 읽을 때는, 피스톤이 더 이상 움직이지 않는 평형 상태의 값을 기록해야 한다.
5. 부피와 온도 사이의 관계를 이용하여 샤를 법칙을 유도하기 위해서는 다음의 부가적인 과정이 필요하다.
   - 측정한 주사기의 부피는 실험에 사용된 실제 부피가 아니므로 플라스크 및 3-way 밸브 속에 들어 있는 기체의 부피를 구하여 측정한 주사기의 부피와 더해 준다. 이 부피는 플라스크 및 3-way 밸브에 물을 넣은 후, 물의 부피를 측정함으로써 측정할 수 있다.
   - 절대온도의 개념을 다루지 않을 경우는 섭씨온도로 그래프를 그려도 되지만, 절대 영도의 의미를 알기 위해서는 섭씨온도를 절대온도로 환산해주는 것이 좋다. 절대

온도는 섭씨온도에 273을 더해주면 된다.

$$절대온도(K) = 섭씨온도(℃) + 273$$

- 실제 부피와 절대온도를 이용하여 다시 그래프를 그릴 수 있다. Logger Pro의 data는 엑셀 프로그램과 쉽게 호환되므로 Logger Pro의 data를 복사한 후 엑셀에 붙여 넣는 방식으로 그래프를 쉽게 다시 그릴 수 있다. 혹은 Logger Pro에서 data – new manual column을 이용하면 기존 data 옆에 새로운 column을 만들 수 있으므로 여기에 해당하는 값을 다시 입력한 후 그래프를 그릴 수 있다.

6. 기체의 온도는 직접 측정하기가 어려우며 가열 장치에 의해 매우 쉽게 변한다. 이 실험에서는 플라스크 내부의 기체의 온도와 bath의 온도가 동일하다고 가정하고 실험한 것이므로 오차를 다소 포함하고 있다.

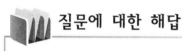

질문에 대한 해답

가. 생각해 보기

1. 기체의 온도가 증가할수록 부피는 커진다.
2. 압력
3. 기체의 온도가 증가할수록 분자 운동이 활발해져 단위 면적에 해당하는 기체 분자의 충돌 횟수가 증가하므로 기체의 내부 압력이 커지게 되며, 내부의 압력과 외부 압력 (일반적으로 대기압)이 평형을 이루기 위해서 부피는 커진다.

나. 한걸음 더

- 열기구를 가열하면 기구 속의 공기의 부피가 커지므로 밀도는 작아진다. 따라서 기구는 주위의 공기보다 밀도가 작아져 위로 올라가게 되며, 반대로 열을 가하지 않으면 냉각되어 기구 속의 공기의 부피가 작아지므로 아래로 내려오게 된다.

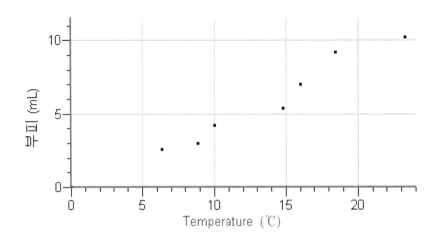

• 온도가 증가할수록 부피도 증가한다.

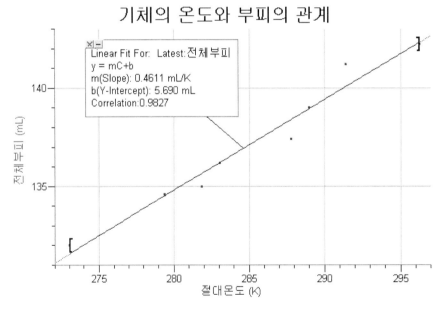

〈기체의 온도와 부피의 관계〉

- 위 그래프는 섭씨온도를 절대온도로 바꾸고, 기체의 부피를 삼각 플라스크 및 3-way 밸브 속의 기체의 부피까지 고려하여 재계산한 후 얻은 그래프이다. 그래프를 외삽하면 압력이 0이 될 때의 온도(x 절편)를 구할 수 있다. 이 실험 결과는 대략 −12.3K 정도를 나타내며 절대 영도의 값인 0K와는 차이를 보인다. 여러 번의 실험을 통해 대략적인 값을 추가적으로 이끌어 낼 수 있다(단, 이론값인 0K는 분자 간의 인력을 고려하지 않은 이상기체에 해당하는 값이다).

기체의 온도와 부피의 관계

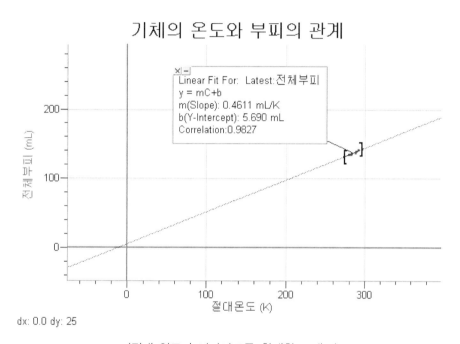

〈절대 영도가 나타나도록 확대한 그래프〉

 심화자료

- 여러 번의 실험을 통해 실험 결과를 평균하고 그래프를 외삽하여 샤를 법칙을 유도해 볼 수 있다.

10 기체의 온도와 압력의 관계

들어가기

　기체의 압력은 기체 분자가 자유롭게 운동하면서 용기의 벽에 충돌할 때 나타나므로, 기체의 충돌 횟수가 커질수록 압력도 커진다. 따라서 기체의 양이 많을수록 압력이 증가하며, 온도가 높으면 기체의 운동이 활발해져 충돌 횟수가 증가하므로 압력이 증가하게 된다. 이러한 결과로 같은 양의 공기를 포함하고 있는 타이어는 겨울철보다 여름철에 더 팽팽하다. 이 실험에서는 기체의 온도를 높이면서 변화하는 기체의 압력을 측정할 것이다.

학습목표

- 측정한 자료와 그래프를 분석할 수 있다.
- 온도에 따른 기체의 압력 변화를 이해할 수 있다.
- 기체의 압력을 기체 분자의 충돌 횟수로 설명할 수 있다.

준비물

컴퓨터, 핫플레이트, MBL 인터페이스, 스테인레스 온도 프로브, 기체 압력 센서, 125 mL 삼각 플라스크(혹은 100 mL 삼각 플라스크), 두 개의 구멍이 뚫린 고무마개, 스탠드, 클램프 2개, 얼음, 1 L 비커 4개, two-way 밸브

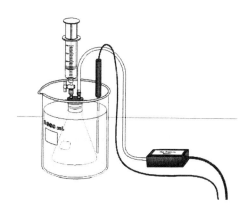

실험하기

1. 4개의 1 L 비커에 각각 얼음물, 실온의 물, 따뜻한 물, 끓는 물을 800 mL 정도 담는다. (끓는 물은 핫플레이트를 이용하여 가열하여 사용한다.)

2. 기체 압력 센서를 채널 1에, 온도 센서는 채널 2에 꽂고, 컴퓨터와 인터페이스를 연결한다.

3. 다음 그림처럼 고무마개의 한쪽은 two-way 밸브를 연결하고, 다른 한쪽은 기체 압력 센서를 연결한다. (two-way 밸브는 아래 그림처럼 돌려 열린 상태로 둔다.)

4. 마개를 플라스크에 꽂는다(이때 마개의 어느 부분도 새는 곳이 있어서는 안 된다. 기체 압력 센서와 함께 들어 있는 마개를 이용하는 것이 좋다).

5. two-way 밸브를 십자가 모양이 되도록 돌려 잠근다.

6. ▶ Collect 를 클릭하여 공기의 온도와 압력을 측정할 준비를 한다.

   - 플라스크를 얼음물에 넣고, 온도 센서는 얼음물이 담긴 비커에 넣는다. 온도와 압력이 변하지 않고 일정한 값을 나타내면 Keep 버튼을 누른다(이때 플라스크가 얼음물에 잠기게 한다).

   - 실온의 물, 뜨거운 물, 끓는 물에 대해서도 실험한다(끓는 물은 핫플레이트로 가열하여 사용한다. 이때 온도 센서의 전선이 핫플레이트에 닿지 않도록 주의한다).

7. 실험이 끝나면 ■ Stop 버튼을 클릭하고, 핫플레이트를 끈다.

8. 실험 결과 얻어진 그래프를 프린트하고, 기체의 온도와 압력 사이의 관계를 분석한다.

9. data를 처리할 때 다음의 방법을 활용할 수 있다.

   - 🅰 버튼을 클릭하면 화면 크기에 적절한 그래프의 모양을 얻을 수 있다.

   - 그래프 위에서 마우스 오른쪽 버튼을 클릭한 후 graph options를 클릭하고 appearance에서 connect points를 클릭하면 점들이 연결된다.

   - 그래프를 외삽하거나 선으로 연결하고 싶을 때는 메뉴 바의 analyze - linear fit을 클릭하면 된다. 혹은 그래프에서 실험결과와 잘 맞는 부분을 마우스로 drag한 후 analyze - linear fit을 클릭한다.

   - analyze - interpolate를 클릭하면 그래프에서의 마우스의 위치에 따라 해당하는 온도와 압력 값을 읽을 수 있다.

	온도(℃)	압력(kPa)
얼음물		
실온의 물		
뜨거운 물		
끓는 물		

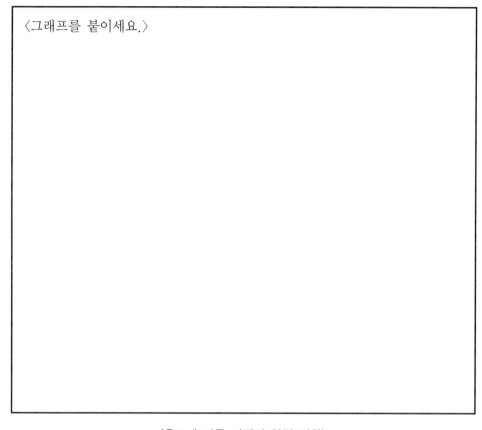

〈그래프를 붙이세요.〉

〈온도에 따른 기체의 압력 변화〉

 **생각해 보기**

1. 기체의 온도가 증가할수록 압력은 어떻게 변하는가?

2. 이 실험은 기체의 온도와 압력의 관계를 알아보는 실험이다. 이때 반드시 일정하게
   유지시켜줘야 할 변인은 무엇인가?
   (변인이란 실험에 영향을 주는 요소를 말하며, 이 실험에서 변하는 변인은 온도와
   압력이다.)

3. 기체의 온도와 압력의 관계를 분자 충돌 횟수와 관련하여 설명하시오.

4. 찌그러진 탁구공을 뜨거운 물에 담그면 탁구공이 팽팽해진다. 이 과정을 위 실험결과
   와 연관시켜 설명하시오.

한걸음 더

• 주어진 실험 방법대로 실험 장치를 설치하였음에도 불구하고, 온도가 올라감에 따라
  압력은 변하지 않는 일정한 값만 나타내었다. 가장 먼저 살펴보아야 할 실험 설치상의
  보완점은 무엇이라고 생각하는가? 또, 그렇게 생각한 이유는 무엇인가?

기체의 온도와 압력의 관계

 관련 교육 과정 : 중학교 1~3학년군 '기체의 성질'

이 실험은 중학교 1학년의 분자의 운동 단원 중 온도에 따른 기체의 압력변화를 측정해 보는 실험으로, 실험 결과를 분자 충돌 횟수 변화로 설명하도록 유도되었다. 이는 7학년 교과서에 제시된 실험은 아니지만, 온도에 따른 분자 충돌 횟수를 설명하는 데 적절하며, 또한 이 실험과 함께 기체의 온도와 부피관계(샤를 법칙)를 연관지어 설명하면 학생들이 분자 운동에 대한 개념을 이해하는 데 도움을 줄 것이다.

- 주요 개념 : 온도, 압력, 분자 운동, 충돌 횟수
- 탐구 기능 : 측정하기, 분석하기, 추리하기, 일반화하기

가. 실험과 관련된 과학개념

1. 아몽통의 법칙

- 17세기 프랑스 물리학자 아몽통(G. Amontons)은 기체의 압력이 온도에 비례한다는 사실을 밝혀냈으며, 이 관계를 아몽통의 법칙(Amontons' law)이라고 한다.

$$\frac{T_1}{T_2} = \frac{V_1}{V_2}$$

- 절대 영도

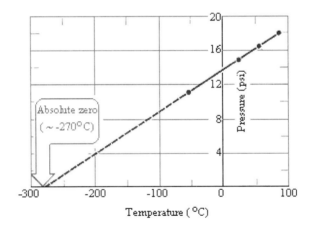

1779년 독일의 람베르트(J. H. Lambert)는 기체의 온도와 압력곡선을 외삽할 때 기체의 압력이 0이 되는 온도로 절대 영도(absolute zero)를 정의하였다. 이 온도는 −273.15℃인데, 압력이 0이 되므로 기체 분자 운동은 정지하게 된다.

2. 기체의 압력과 충돌 횟수

기체에서 분자 간의 거리는 고체나 액체에 비하여 매우 멀리 떨어져 있으므로 서로 간에 작용하는 힘이 매우 작다. 따라서 닫힌 용기에 기체 분자가 들어가면, 기체 분자는 매우 불규칙한 운동을 계속적으로 하게 된다. 이때 용기 속 기체 분자들은 서로 충돌할 뿐만 아니라 용기의 벽에도 끊임없이 충돌하게 되어 그 벽은 힘을 받게 된다. 이 힘에 의해 기체를 담은 용기의 모든 방향에 수직으로 똑같이 작용하는 기체의 압력이 생겨나게 된다.

기체의 압력은 충돌 횟수와 관련하여 기체의 양, 온도와 관련이 있다. 일정한 부피 속에 있는 기체의 양이 증가하면 운동하는 기체 분자 수가 늘어나므로 단위 면적에 충돌하는 충돌 횟수가 커져 압력도 커진다. 그리고 온도를 높여주면 기체 분자의 속력이 증가하므로 일정한 시간 동안 단위 면적에 충돌하는 분자 수가 증가하고 빠른 속력으로 인해 충돌 시 작용하는 힘도 증가하므로 압력이 커진다. 또한 기체의 압력은 분자의 질량이 클수록 충돌할 때 작용하는 힘이 커지므로 증가하는데, 이상 기체의 경우는 분자 자체의 질량을 무시하므로 질량의 효과는 고려하지 않는다.

나. 실험 시 유의사항

1. 이 실험에서 사용하는 스테인레스 온도 프로브(Stainless Steel Temperature Probe) 의 측정범위는 −40~130℃이며, 온도 센서는 인터페이스에 연결하고
2. 기체 압력 센서의 측정범위는 0~210 kPa(0기압~2.1기압)이다.
3. 온도 센서와 기체 압력 센서의 전선이 핫플레이트에 닿지 않도록 주의한다.
4. 마개는 플라스크에 꼭 맞게 하여 바람이 새지 않게 한다.
5. 기체 압력 센서와 함께 들어 있는 마개는 바람이 잘 새지 않아 실험에 적합하다. 그러나 이는 125 mL 삼각 플라스크에 적합한 size이므로 이것이 없는 일반 학교에서는 쉽게 구할 수 있는 100 mL 삼각 플라스크 중 마개가 잘 맞는 플라스크를 이용하여 실험하도록 한다.
6. 실험 시 압력이 증가하지 않으면 새는 곳이 없는지 확인한다.
7. 너무 높은 압력에 도달할 때까지 가열하면 기체의 압력으로 인해 플라스크가 깨지거나 실리콘 마개가 튕겨 나갈 수 있으므로 150 kPa 이상 넘어가기 전에 실험을 끝내도록 한다.

8. 중학교 과정에서는 절대온도와 절대 영도의 개념이 다루어지지 않는다. 필요하면 섭씨온도와 절대온도의 관계를 간단한 식으로 가르쳐줄 수 있다.

$$절대온도(K) = 섭씨온도(℃) + 273$$

9. 기체의 온도는 직접 측정하기가 어려우며 가열 장치에 의해 매우 쉽게 변한다. 이 실험에서는 플라스크 내부의 기체의 온도와 bath의 온도가 동일하다고 가정하고 실험한 것이므로 오차를 다소 포함한다.

 질문에 대한 해답

가. 생각해 보기

1. 기체의 온도가 증가할수록 압력은 커진다.
2. 부피
3. 기체의 온도가 증가할수록 분자 운동이 활발해져 단위 면적에 작용하는 기체 분자의 충돌 횟수가 커지므로 기체의 압력이 커진다.
4. 탁구공 속에는 공기가 들어 있다. 기체 분자는 온도가 증가할수록 분자 운동이 활발해지므로 단위 면적에 작용하는 충돌 횟수가 커진다. 따라서 온도가 올라갈수록 커지는 압력 때문에 탁구공을 뜨거운 물에 담그면 탁구공 속의 기체의 압력으로 인해 탁구공이 팽팽해진다.

나. 한걸음 더

• 마개나 센서의 틈 사이로 새는 부분이 없는지 확인한다.
  온도가 상승함에도 불구하고 압력이 일정하게 나타나는 이유는 부피가 일정하게 유지되지 못했기 때문이다. 즉, 실험 장치에서 틈 사이로 새는 부분이 있으면 기체의 운동이 빨라져 충돌 횟수가 증가함에도 불구하고 플라스크 내부의 압력이 대기압과 같아질 때까지 기체가 빠져나가므로 플라스크 내부의 기체압력은 일정한 값을 나타낸다.

☞ 온도가 올라가도 부피가 증가하면 압력은 일정하게 유지된다. 이 설명을 뒷받침하
는 다양한 방법이 답으로 제시될 수 있다.

결과 예시

	온도(℃)	압력(kPa)
얼음물	1.0	92.68
실온의 물	22.2	101.39
뜨거운 물	57.7	113.00
끓는 물	100	125.7

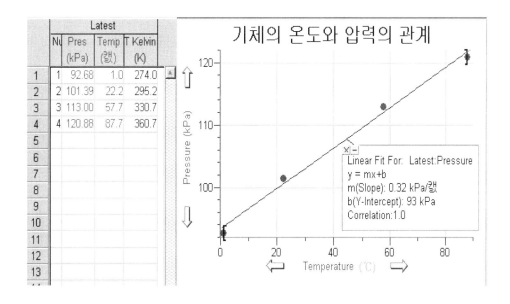

- 온도가 증가할수록 분자 운동이 활발해져 단위 면적에 해당하는 기체 분자의 충돌
횟수가 증가하므로 기체의 압력은 커진다.
- 그래프를 외삽하면 압력이 0이 될 때의 온도(x절편)를 구할 수 있다. 이 실험 결과
대략 −288.6℃ 정도를 나타내며 절대 영도 값인 −273.15℃와는 차이를 나타낸다.

여러 번의 실험을 통해 대략적인 값을 추가적으로 이끌어 낼 수 있다(단, − 273.15℃는 분자 간의 인력을 고려하지 않은 이상기체에 해당하는 값이다).

심화자료

1. 여러 번의 실험을 거쳐 실험 결과를 평균하고 그래프를 외삽하여 절대 영도를 예측해 볼 수 있다.

2. 산소, 뷰테인, 이산화탄소를 사용하여 실험을 반복하고, 공기에 대한 결과와 비교할 수 있다.

3. 드라이아이스, 드라이아이스와 아세톤의 혼합물 등을 이용하면 약 −78℃ 정도의 낮은 온도에서 나타나는 압력도 읽을 수 있다.

11 압력을 높여라

들어가기

기체의 압력은 부피, 기체 분자의 수, 온도의 영향을 받는다. 고무공을 누르면 고무공의 부피가 감소하므로 고무공 내부의 압력이 증가하며, 자전거 타이어에 공기를 주입하면 기체 분자의 수가 증가하므로 압력이 증가한다. 간혹 뉴스에서 접하는 사건으로 스프레이 통이 터지는 사례가 있는데, 이는 스프레이 통의 온도가 높아져 내부압력이 증가하였기 때문에 나타나는 현상이다. 이 실험에서는 조별로 같은 종류의 깨끗한 플라스틱 통을 이용하여 최고의 압력을 만들어 보는 게임을 할 것이다.

학습목표

- 기체의 압력을 측정하는 실험 장치를 고안할 수 있다.
- 기체의 압력에 관한 지식을 적용할 수 있다.
- 게임을 함으로써 과학에 대한 흥미와 도전의식을 느낄 수 있다.

준비물

컴퓨터, MBL 인터페이스, 기체 압력 센서, 깨끗하고 건조한 용기(페트병, 조별 수만큼),
고무마개(기체 압력 센서와 용기를 연결할 수 있는 것), 빨대, 고무풍선, 고무 밴드 등

실험하기

1. 용기와 기체 압력 센서를 고무마개 등을 이용해서 연결한다.
2. ▶ Collect 를 클릭하고, 용기의 부피, 온도, 기체의 양을 변화시키면서 가장 높은 압력
   을 만든다. 단, 조원의 신체 혹은 소지품을 이용하는 것은 좋지만 가열장치나 피스톤,
   그 밖에 주어진 도구 외의 다른 도구는 사용할 수 없다.
3. 게임은 1분 동안 압력을 측정하여 가장 높은 압력을 만든 조가 이기게 되므로, 연습을
   통해 가장 높은 압력을 낼 수 있는 방법을 조별로 고안한다.

	( )조의 계획	
	기체의 압력을 높이기 위해서,	
	다음과 같이 한다.	그 이유는,
1.		
2.		
3.		
4.		

압력을 높여라

 관련 교육 과정 : 중학교 1~3학년군 '기체의 성질'

　이 실험은 기체의 압력과 관련된 실험으로 기체의 압력에 영향을 끼치는 요인인 기체 분자 수, 온도, 부피를 이용하여 최대의 기체 압력을 만들어보는 게임 활동으로 이루어져 있다. 이 실험을 통해 학생들은 기체의 압력에 대한 이해를 명확히 하고 여러 가지 지식을 실제로 적용해 보는 경험을 할 것이다. 또한 조별 경쟁을 통해 조원 간의 협동심을 기르며, 경쟁을 통해 흥미와 성취감을 느끼게 될 것이다.

- 주요 개념 : 온도, 압력, 분자 수, 기체의 압력
- 탐구 기능 : 예상하기, 추리하기, 분석하기, 실험 설계하기

 **참고 자료**

1. 실험 재료는 풍선, 빨대 외에 교사가 다양하게 제시할 수 있다.
2. 다음 그림은 제시할 수 있는 실험 재료의 sample이며, 빨대나 풍선을 이용하여 공기를 주입하거나, 풍선을 연결하고 부피를 감소시켜 압력을 조절하거나, 체온을 이용하여 플라스크의 온도를 올리는 방법 등으로 기체의 압력을 증가시킬 수 있다.

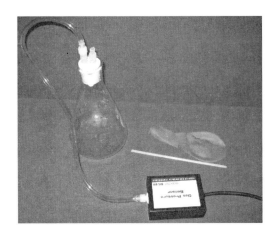

3. 학생들이 보다 다양하고 창의적인 실험 설계를 할 수 있도록 유도한다.

4. 학생들에게 일정 시간동안 실험 설계할 시간을 주고, 조별 게임을 시작하도록 한다.

5. 조당 약 1분간의 압력을 연속적으로 측정하고 조의 최대 압력 값을 기록한다.

12 아이스크림 만들기

 **들어가기**

   얼음의 녹는점은 0℃이나, 여기에 소금을 넣으면 더 낮은 온도까지 내려가 한제를 만들 수 있다. 이는 냉장고가 없던 시절 우리 조상들이 음식을 차게 보관하기 위해 사용했던 방법이기도 하다. 이 실험에서는 얼음에 일정량의 소금을 넣고 가장 온도가 많이 내려가는 한제를 만들고, 우유를 이용한 아이스크림을 만들어볼 것이다.

 학습목표

- 한제의 의미와 효과를 알 수 있다.
- 최적의 한제를 만드는 실험을 고안할 수 있다.
- 실험 결과를 일상생활에 적용할 수 있다.
- 조원 간의 토론을 통해 협동심을 기를 수 있다.

컴퓨터, MBL 인터페이스, 스테인레스 온도 프로브, 250 mL 비커, 100 mL 비커, 잘게
부순 얼음, 소금, 전자저울, 약포지, 약숟가락, 200 mL 초코 우유, 수저, 50 mL 비커,
랩, 1 L 비커, 단열재

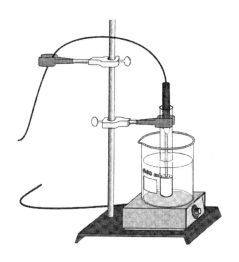

 실험하기

1. 온도 센서와 컴퓨터, 인터페이스를 연결한다.
2. 250 mL 비커에 얼음 조각을 100 mL 정도 넣는다.

3. 온도 센서를 얼음에 넣은 후, ▶ Collect 버튼을 누르고 자료를 수집한다.

4. 5.0 g의 소금을 얼음에 넣고 온도가 떨어지지 않을 때까지 계속 저어준다.

5. 가장 낮은 온도를 기록하고, ■ Stop 버튼을 클릭하여 자료 수집을 끝낸다.

6. 5의 결과를 바탕으로 얼음, 물, 소금 5.0 g을 이용하여 가장 낮은 온도의 한제를 만들 수 있는 실험 방법을 고안한다.

사용한 얼음과 소금의 양	최저 온도(℃)

7. 50 mL 비커에 초코우유 40 mL 정도 넣고 랩으로 덮은 후, 단열재로 싼 1 L 비커에 넣는다.

8. 1 L 비커에 낮은 온도를 나타내는 배합으로 잘게 부순 얼음과 소금을 넣는다.

9. 얼음이 들어 있는 스티로폼 통에 온도계를 꽂고, 온도 변화를 관찰하면서 적합한 한제가 되도록 배합한다.

10. 온도계로 온도변화를 관찰하며, 필요에 따라 소금과 얼음을 추가로 넣어준다.

11. 약 30분 정도 지난 후에 50 mL 비커를 꺼내고 맛을 본다.

생각해 보기

1. 얼음에 소금을 넣으면 어떠한 효과가 나타나는가?

2. 만약 한제를 다시 만든다면, 실험을 어떻게 고안할 것인가?

3. 아이스크림을 만드는 원리가 무엇인지 토의해 보자.

아이스크림 만들기

관련 교육 과정 : 중학교 1~3학년군 '물질의 상태변화'

　이 실험은 소금과 얼음을 이용하여 최적의 한제를 만들고, 이를 생활에 적용하여 아이스크림을 만들어보는 활동으로 이루어져 있다. 이 실험은 학생들의 흥미를 유발할 뿐만 아니라 토론과 협력을 요구하며 창의적인 사고를 자극한다. 시간을 고려하여 아이스크림을 만들어보는 활동을 제외하고 가장 낮은 온도를 나타내는 한제 만들기 정도로 내용을 축소하여 실험할 수 있다.

- 주요 개념 : 한제, 녹는점, 어는점
- 탐구 기능 : 측정하기, 추리하기, 분석하기, 실험 설계하기

 **참고 자료**

가. 실험과 관련된 과학개념

1. 한제

두 종류 이상의 물질을 혼합하여 만든 냉각제로 실온의 물에 염화암모늄을 녹인 것, 얼음과 염화나트륨을 혼합한 것, 드라이아이스와 알코올의 혼합물 등이 있다. 한제가 저온이 되는 이유는, 얼음과 염화나트륨 혼합물의 경우 얼음의 융해열과 염화나트륨의 용해열 때문인데, 공융점까지 내려가면 융해는 멈추고 일정한 온도가 유지된다. 따라서 이상적인 경우에는 최저 온도가 공융점이 되나, 실제로는 거기까지 이르지 않을 때가 많다. 특히 얼음을 사용할 때 분쇄를 불충분하게 하거나 염화나트륨과 혼합을 불충분하게 할 때는 완전한 온도를 만들 수 없다. 얼음을 잘 분쇄하고 염화나트륨과 잘 혼합하면 아래 표 1과 같은 최저 온도를 얻을 수 있다. 또 끓는점이 낮은 액체를 그대로 냉각제로 쓰기 때문에 액체산소·액체질소·액체헬륨 등을 한제에 포함하기도 한다.

• 얼음에 첨가하는 염류의 양과 한제의 녹는점

염	얼음 100 g에 대한 염의 양(g)	도달 온도(℃)
탄산나트륨	20	2.0
염화칼슘	41	−9.0
염화칼륨	30	−10.9
염화암모늄	25	−15.4
질산암모늄	45	−16.8
염화나트륨	33	−21.3
염화칼슘	81	−21.5
염화마그네슘	85	−34

• 유기용매와 드라이아이스 혼합물의 한제의 녹는점

유기용매	도달 처리 온도($℃$)
사염화탄소	−23
클로로포름	−77
에탄올	−72
아세톤	−77

• 유기용매와 액체질소 혼합물의 한제의 녹는점

유기용매	도달 처리 온도($℃$)
헥산	−94
톨루엔	−95
메틸시클로헥산	−124

• 얼음과 소금의 혼합비와 한제의 녹는점(실험값)

혼합비(얼음 : 소금)	최저 온도($℃$)
10 : 1	−14
5 : 1	−16
4 : 1	−21
3 : 1	−24
2 : 1	−20

나. 실험 시 유의사항

1. 이 실험에서 사용하는 스테인레스 온도 프로브(Stainless Steel Temperature Probe)
   의 측정범위는 −40~130℃이며, 온도 프로브는 인터페이스에 연결하고 Logger Pro
   프로그램을 실행시키면 자동 인식된다.
2. 잘게 부순 얼음을 이용하여 실험한다.
3. 얼음의 양에 따라 비커의 크기를 조절하여 실험하도록 한다.
4. 소금이나 얼음이 우유가 든 비커로 튀어 들어가지 않게 주의한다.

5. 얼음 100 g에 소금 30 g 정도의 비율로 혼합하면 적절한 한제를 만들 수 있다.
6. 비커를 단열재로 싸는 대신에, 스티로폼 통이나 보온통 등의 다른 기구를 이용할 수 있다.
7. 얼린 아이스크림을 먹기 위해서는 깨끗한 비커나 컵 등을 이용하도록 한다.
8. 우유 대신에 사이다나 콜라 등의 탄산음료를 이용하면 보다 빠르게 아이스크림을 만들 수 있다.

질문에 대한 해답

1. 온도가 0℃ 이하로 내려간다.
2. 얼음에 소금을 뿌려 주면 얼음이 물로 녹을 때 주변에서 열을 흡수하고, 소금이 그 물에 녹으면서 다시 많은 열을 흡수하기 때문에 온도가 영하로 내려간다. 따라서 깡통 속의 우유는 열을 잃고 고체 상태의 아이스크림으로 굳어진다.

결과 예시

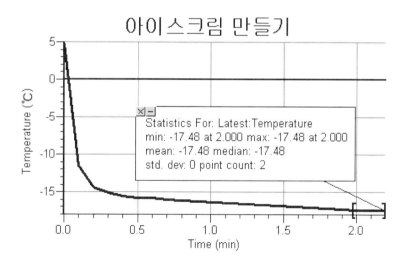

• 얼음 16 g에 소금 5 g을 넣었을 때의 그래프이며, 최저 온도는 −17.48℃를 나타내고

있다. 이론적으로 얼음 100 g에 염화나트륨 33 g을 넣으면 −21.3℃까지 온도를 낮출
수 있다.

• 우유를 한제에 30분 정도 담가두었더니 얼어서 아이스크림이 되었다.

13 냉 찜질팩 만들기

 **들어가기**

　발목이 삐거나 관절에 상처를 입었을 때 사용되는 냉 찜질팩은 고체 물질이 들어 있는 두꺼운 비닐 팩 안에 물이 들어 있는 얇은 비닐 팩으로 구성되어 있다. 따라서 팩을 뒤틀면 내부의 비닐 팩이 터지면서 물이 흘러나오게 되고 두꺼운 비닐 팩에 있는 고체 물질이 이 물에 녹게 되면서 열을 흡수하므로 찜질팩은 차가워지게 된다. 이 실험에서는 다양한 고체 물질을 물에 녹여봄으로써 온도 변화를 관찰하고, 이를 통해 어떤 고체 물질 3.0 g 과 최적의 물의 양을 선택하여 가장 성능이 좋은 냉 찜질팩을 만들어 보는 게임을 할 것이다.

 학습목표

- 물에 고체 물질을 넣을 때 나타나는 온도 변화를 측정할 수 있다.
- 가장 좋은 냉 찜질팩을 만드는 실험을 고안할 수 있다.
- 조원 간의 토론을 통해 협동심을 기를 수 있다.

 **준비물**

컴퓨터, MBL 인터페이스, 스테인레스 온도 프로브, 전자저울, 약포지(weighing paper), 약숟가락, 50 mL 비커 5개, 250 mL 비커, 10 mL 눈금 실린더, 물, 염화암모늄 (NH_4Cl), 시트르산($C_6H_8O_7$), 염화칼륨(KCl), 탄산수소나트륨($NaHCO_3$), 탄산나트륨 (Na_2CO_3)

컴퓨터 접속장치
(computer interface)

로고 프로
(Logger Pro)

컴퓨터
(Computer)

 실험하기

1. 온도센서와 컴퓨터, 인터페이스를 연결한다.
2. 고체 물질을 각각 3.0 g씩 측정한다.
3. 50 mL 비커에 10 mL의 물을 넣는다.
4. 온도 센서를 3의 비커에 넣고 센서를 부드럽게 움직이면서 온도를 읽는다.
5. 온도가 변하지 않으면 ▶Collect 버튼을 누르고 자료를 수집한다.
6. 물의 초기 온도를 측정하기 위해 5초간 온도를 지켜 본 후, 염화암모늄을 넣고 온도 센서로 부드럽게 저어준다.
7. 온도가 일정한 값을 나타내면 ■Stop 버튼을 누르고 자료수집을 끝낸다.
8. (statistics 버튼)을 클릭하여 온도의 최솟값과 최댓값을 표에 기록한다.
9. 다른 물질에 대해서도 3~8의 과정으로 실험한다. 물질을 바꿀 때마다 온도 센서를 깨끗이 씻고, 온도가 실온에 도달할 때까지 물에 담가둔다.

10. 물의 양을 변화시키고, 다양한 종류의 고체 시약(질량은 3.0 g)을 활용하여 가장
좋은 냉 찜질팩을 만들 수 있는 방법을 조별로 고안한다.

물질	최대 온도(℃)	최소 온도(℃)	온도 변화(℃)
염화암모늄(NH_4Cl)			
시트르산($C_6H_8O_7$)			
염화칼륨(KCl)			
탄산수소나트륨($NaHCO_3$)			
탄산나트륨(Na_2CO_3)			

생각해 보기

1. 가장 크게 온도를 감소시키는 물질은 무엇인가?

2. 냉 찜질팩으로 가장 부적합한 것을 고르고, 그 이유를 설명하시오.

3. 냉 찜질팩을 만드는 물질을 선택하는데 온도를 낮추는 요인 외에 다른 요인은 어떤
것이 있는지 생각해 보자.

한걸음 더

• 실험한 결과를 바탕으로 비닐 팩을 이용하여 실제로 냉 찜질팩을 만들어 보자.

냉 찜질팩 만들기

관련 교육 과정 : 중학교 1~3학년군
'화학반응의 규칙과 에너지 변화'

이 실험은 고체 물질이 물에 용해될 때 나타나는 용해열과 관련된 실험으로 교육 과정에서는 다소 벗어난다. 그러나 학생들의 흥미와 협동심을 유발하기에 적합하며, 생활과 관련된 상식으로도 활용할 수 있으므로, 과학 동아리, 또는 심화된 내용을 추가하여 영재 학생들을 대상으로 실험할 수 있다.

- 주요 개념 : 온도, 용해열, 흡열 반응
- 탐구 기능 : 측정하기, 추리하기, 분석하기

가. 실험과 관련된 과학개념

1. 용해열

물질 1몰을 다량의 용매에 넣어서 용해시킬 때의 반응열을 용해열(heat of dissolution)
이라고 한다. CaO, NaOH 등의 고체가 물에 용해될 때는 열이 방출되는 발열 반응이
일어나지만 대부분의 고체들이 물에 용해될 때는 열을 흡수하는 흡열 반응이 일어난다.
그리고 기체 및 액체가 물에 용해될 때는 대부분이 열을 방출한다.

2. 용해열과 에너지와의 관계

용해될 때 온도가 올라가는 과정을 발열적인 용해 현상이라고 한다. 이때 용질과 용매의
에너지 함량(엔탈피)의 합은 용액의 에너지 함량(엔탈피)보다 크다.

3. 휴대용 냉각대

타박상 치료에 사용되는 휴대용 냉각대는 흡열 반응을 실생활에 이용한 좋은 예이다.
이것은 물이 새지 않는 2개의 주머니에 한쪽에는 물을, 다른 한쪽에는 질산암모늄을 넣은
것이다. 물이 들어 있는 주머니를 누르면 물이 나오고 이 물은 질산암모늄을 녹인다.
이때 주위로부터 열을 빼앗아 가는 흡열 반응이 일어나며, 이때 흡수하는 열에너지는
26.4 kJ/mol 정도이다. 이 차가워진 주머니를 부어오른 상처 위에 올려놓으면 피부와
근육 조직의 손상을 줄이면서 치료 효과를 높일 수 있다.

물질	용해열($\triangle H$)	물질	용해열($\triangle H$)
NaCl	3.9	HCl	−75.3
KCl	17.2	NH_3	−34.7
NaOH	−44.5	CO_2	−24.8
KOH	−57.6	H_2SO_4	−81.9
NH_4NO_3	25.7	HNO_3	−30.2
$CaCl_2$	−81.3	CH_3COOH	−16.0

나. 실험 시 유의사항

1. 이 실험에서 사용하는 스테인레스 온도 프로브(Stainless Steel Temperature Probe)의 측정범위는 −40~130℃이며, 온도 프로브는 인터페이스에 연결하고 Logger Pro 프로그램을 실행시키면 자동 인식된다.
2. 시약을 담은 약포지에 시약의 이름을 적어, 섞이지 않도록 주의한다.
3. 한 고체에 대한 실험이 끝나면 온도 센서를 깨끗이 씻고 실온의 물에 담가 일정한 온도가 나타나는 것을 관찰한 후, 고체에 대해서도 실험하도록 한다.
4. 온도 센서는 한 번 사용하고 나면 잘 닦고 말려서 다시 사용한다.

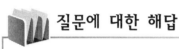

질문에 대한 해답

1. 염화암모늄
2. 탄산나트륨, 탄산나트륨은 물에 녹으면 온도가 증가하므로 냉 찜질팩으로 사용하기에는 부적절하다.
3. 고체 시약의 가격(경제성), 인체에의 유해성, 보관상의 유의점, 시약의 사용기간, 냄새 등

결과 예시

물질	최대 온도(℃)	최소 온도(℃)	온도 변화(℃)
염화암모늄(NH_4Cl)	25.3	10.1	15.2
시트르산($C_6H_8O_7$)	25.2	19.1	6.1
염화칼륨(KCl)	25.3	14.1	11.2
탄산수소나트륨($NaHCO_3$)	25.2	22.0	3.2
탄산나트륨(Na_2CO_3)	25.2	38.1	12.9

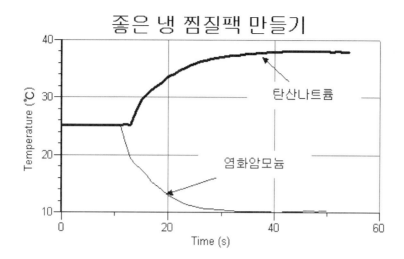

좋은 냉 찜질팩 만들기

- 탄산나트륨은 물에 용해될 때 열을 발생하여 온도가 올라가므로 냉 찜질팩으로 활용하기에는 부적절하다. 염화암모늄은 물에 녹을 때 가장 많은 열에너지를 흡수하므로 물의 양을 잘 조절하면 유용한 냉 찜질팩을 만들 수 있다.

14 물의 끓는점 측정

들어가기

　물을 가열하면 온도가 서서히 올라가다가 더 이상 올라가지 않는 부분이 생긴다. 이때 물은 끓고 있으며, 액체인 물이 수증기인 기체로 상태변화하면서 열을 흡수하므로 온도는 증가하지 않고 일정하게 유지된다. 끓는점은 물질의 특성으로 물질마다 고유한 값을 가진다. 이 실험에서는 물의 끓는점을 측정하고, 물의 양에 따라 끓는점에 어떠한 변화가 생기는지 관찰할 것이다.

학습목표

- 끓는점의 개념을 이해할 수 있다.
- 물의 끓는점을 측정할 수 있다.
- 물의 양과 끓는점의 관계를 이해할 수 있다.

컴퓨터, 핫플레이트, MBL 인터페이스, 스테인레스 온도 프로브, 증류수, 500 mL 비커, 250 mL 비커, 100 mL 비커, 50 mL 비커, 250 mL 눈금실린더, 끓임쪽, 스탠드, 클램프 2개

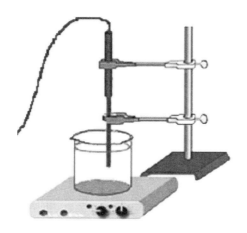

 실험하기

1. 500 mL의 비커에 물을 250 mL 정도 넣고, 끓임쪽을 2~3개 넣는다.
2. 비커를 핫플레이트 위에 올리고 온도 센서를 비커의 물에 반쯤 잠기게 클램프로 고정한다.
3. 온도 센서와 인터페이스, 컴퓨터를 연결한 후 Logger Pro을 연다.
4. 다음과 같이 데이터 수집 정보를 설정한다.

(1) 메뉴바의 experiment에서 data collection을 클릭하여 mode를 time based, Length 를 2500seconds 정도로 넉넉히 맞추어준다(실험이 빨리 끝날 경우 ■ Stop 버튼을 이용하여 실험을 중지할 수 있다).

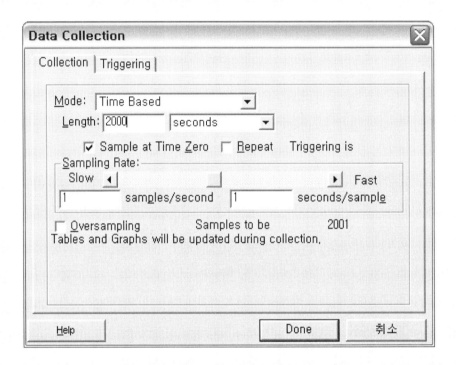

(2) graph options를 클릭하면 제목을 입력할 수 있다.
(3) column options를 클릭하면 x축과 y축의 이름과 단위를 지정할 수 있다.
(4) 그래프를 마우스로 끌고 당기면 축의 높이, 눈금 간격을 조절할 수 있다.

5. 핫플레이트의 heat을 7 정도로 놓고 ▷ Collect 버튼을 클릭하여 온도를 측정한다. (물의 양에 따른 끓는점의 변화를 측정할 것이므로 가열온도(불꽃의 세기)는 일정하 게 유지시켜줘야 한다.)
6. 500초 정도 연속해서 온도가 일정하게 나타나면 ■ Stop 버튼을 클릭하여 실험을 끝낸다.
7. 250 mL 비커에 물을 100 mL 정도 넣고, 끓임쪽을 넣은 후 ▷ Collect 버튼을 5~6

과정을 반복한다.

8. 250 mL 비커에 물을 50 mL, 50 mL 비커에 물 25 mL 정도를 넣고 5~6의 과정을 반복한다.

9. 실험이 끝나면 ■ Stop 버튼을 클릭하고 자료를 저장한 후 결과를 분석한다.

〈물의 양에 따른 끓는점〉

실험	물의 양(mL)	끓는점(℃)
1	250	
2	100	
3	50	
4	25	

〈그래프를 붙이세요.〉

〈물의 양에 따른 끓는점 곡선〉

1. 물의 끓는점은 몇 ℃인가?

2. 물이 끓는 동안 온도가 일정하게 유지되는 까닭은 무엇인가?

3. 액체의 끓는점을 측정할 때 끓임쪽을 넣어주는 이유는 무엇인가?

4. 물의 양과 끓는점은 어떠한 관계가 있는가?

한걸음 더

1. 다른 장소에서 물의 끓는점을 측정하는 실험을 다시 해보았더니 끓는점이 더 낮아졌다. 그 이유는 무엇일까?

2. 물의 끓는점을 높여주기 위해서 어떠한 방법을 사용할 수 있을까?

물의 끓는점 측정

 관련 교육 과정 : 중학교 1~3학년군 '물질의 특성'

이 실험은 물질의 특성 단원 중 액체의 끓는점을 측정해 보는 것으로 물의 끓는점을 측정하여 물의 양과 끓는점의 관계를 알아보는 실험이다. 주어진 시간에 따라 물의 끓는점을 측정하는 실험하거나 조별로 물의 양을 다르게 하여 끓는점을 측정하고 그 값을 비교할 수 있다.

- 주요 개념 : 끓는점, 상태변화(기화)
- 탐구 기능 : 측정하기, 추리하기, 분석하기

 참고 자료

가. 실험과 관련된 과학개념

1. 끓는점

- 순수한 액체 물질을 가열하면 끓는 동안에는 가해 준 열이 모두 상태변화에 쓰이므로 온도가 일정하게 유지된다. 이때의 온도를 끓는점이라고 한다.

- 물질에 따라 입자 사이의 인력이 다르기 때문에 물질의 종류에 따라 끓는점이 다르며 물질의 특성이 된다.
  - 예) 철(2750℃), 수은(357℃), 에탄올(79℃), 암모니아(-33℃), 산소(-183℃)
  - 끓는 온도가 낮은 물질 : 아세톤, 에테르, 메탄올, 질소, 산소
  - 끓는 온도가 높은 물질 : 물, 식용유, 글리세린
- 끓는점과 입자 사이의 인력 : 입자 사이의 인력이 강한 물질일수록 입자 사이의 인력을 이겨내고 기체로 되는 데 많은 열에너지가 필요하므로 끓는점이 높다.

2. 물질의 양과 끓는점

물질의 종류가 같으면 양에 관계없이 끓는점이 일정하다. 다만 양이 많으면 도달하는 시간이 오래 걸린다.

3. 불꽃의 세기와 끓는점

물질의 종류가 같으면 불꽃의 세기에 관계없이 끓는점이 일정하다. 다만 불꽃이 셀수록 빨리 끓는다.

4. 끓는점과 기압(압력)의 관계

- 기압(압력)과 액체의 끓는점
  - 액체를 가열해주면 액체 내부에 생긴 기포 속의 분자 운동이 활발해져 기포 속의 증기압력이 증가하며 이것이 외부압력과 같아질 때 액체가 끓는다.
  - 기압(압력)이 높아지면 끓는점이 높아지고, 기압(압력)이 낮아지면 끓는점도 낮아진다.
  - 예) 압력밥솥에 밥을 하면 밥이 잘 된다.(압력↑, 끓는점↑)
    높은 산에서 밥을 하면 밥이 설익는다.(압력↓, 끓는점↓)

5. 몇 가지 물질의 끓는점

물질	산소	메탄올	에탄올	물	수은	철
끓는점 (℃)	-183	65	79	100	357	2750

나. 실험 시 유의사항

1. 이 실험에서 사용하는 스테인레스 온도 프로브(Stainless Steel Temperature Probe)의 측정범위는 −40~130℃이며, 온도 프로브는 인터페이스에 연결하고 Logger Pro 프로그램을 실행시키면 자동 인식된다.

2. 온도 센서의 전선이 핫플레이트 등에 닿지 않도록 주의한다.

3. 실험을 시작하기 전에 Logger Pro의 experiment – data collection을 클릭하여 실험시간을 2000초 이상으로 맞추고 (default 값은 time length가 10초로 맞춰져 있다.) 측정 시간 간격은 1초로 맞춘다(default 값은 0.1초로 되어 있다).

4. 액체의 끓는점을 측정할 때는 불꽃의 세기를 일정하게 유지해야 하므로 핫플레이트의 heat을 일정하게 유지하면서 실험한다. 그러나 heat을 너무 낮게 하면 물에서 공기 중으로 방출되는 열에너지 때문에 물이 끓는 것을 관찰하기 어려울 수 있으므로 heat은 5 이상의 값(7 정도)을 유지하도록 한다.

5. 큰 비커에 물을 너무 작게 넣는 경우(예를 들어, 250 mL에 50 mL의 물을 넣어 가열하는 경우) 온도 센서를 깊게 넣으면 비커 바닥에 닿을 수 있고 얕게 넣으면 물이 가열되면서 온도 센서가 쉽게 공기 중으로 노출되므로 끓는점을 측정하기 어렵다. 따라서 물의 양에 따라 적절한 크기의 비커를 이용하는 것이 필요하다.

6. 그래프에서 온도가 일정하게 유지되는 부분이 500초 정도 유지되면 ⏹ Stop 버튼을 클릭하여 실험을 끝낸다. 너무 오랫동안 가열하면 물의 양이 줄어들면서 온도 센서가 물 밖으로 노출되므로 온도가 끓는점 이하로 떨어진다.

7. 온도 센서가 물 밖으로 완전히 노출된 경우 온도는 100℃ 이하의 값을 나타낸다. 따라서 온도 센서가 물 밖으로 노출되기 전에 실험을 끝내는 것이 좋다.

8. 물에 대한 온도 센서의 깊이에 따른 끓는점의 차이는 이 실험에서 거의 나타나지 않는다.

9. 그래프가 화면의 위쪽으로 너무 크게 보이거나, 그래프가 작게 보일 경우는 Logger Pro의 그래프의 x축과 y축을 마우스로 drag하여 축의 길이와 높이를 조정할 수 있다.

질문에 대한 해답

가. 생각해 보기

1. 100℃

2. 물이 수증기로 상태변화하면서 열을 흡수하므로 온도는 증가하지 않고 일정하게 유지된다. (가해 준 열에너지가 상태변화에 사용되므로 온도는 일정하게 유지된다.)

3. 끓임쪽에는 아주 작은 구멍들이 있고 이 구멍들 속에 있던 공기들이 액체가 끓을 때 조금씩 기포로 되어 올라와서 액체가 갑자기 끓어오르는 것(돌비 현상)을 막아준다.

4. 물의 양과 관계없이 물의 끓는점은 일정하게 나타난다.

나. 한걸음 더

1. 외부 압력(대기압)이 낮아졌기 때문이다. 액체는 증기 압력과 외부 압력이 같을 때 끓으므로, 외부 압력이 낮아지면 낮은 온도에서 끓게 된다.

2. 외부 압력을 높여준다. 다른 고체 물질을 넣어준다(소금, 설탕 등).

 결과 예시

〈물의 양에 따른 끓는점〉

실험	물의 양(mL)	끓는점 (°C)
1	250	100
2	100	100
3	50	100
4	25	100

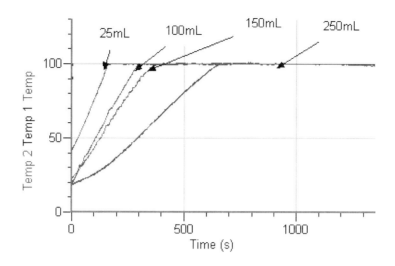

• 물의 양에 관계없이 물의 끓는점은 100℃로 일정하다.

 **심화자료**

• 물의 양에 따른 끓는점의 변화를 측정하는 것 외에도 온도 센서를 여러 개 준비하여
  온도계의 위치에 따라 가열곡선이 어떻게 달라지는지 실험해 보게 한 후, 끓는점을
  측정하기 위한 적절한 온도계의 위치를 찾아보게 할 수 있다.

15 물과 에탄올의 끓는점 측정

들어가기

액체가 기체로 상태변화할 때 온도는 더 이상 올라가지 않고 일정하게 유지된다. 이때의 온도를 끓는점이라고 하며, 일정한 압력에서 물질마다 고유한 값을 갖는다. 이 실험에서는 물과 에탄올의 끓는점을 측정하여 물질의 특성인 끓는점에 대해 알아볼 것이다.

학습목표

- 끓는점을 물질의 특성으로 이해할 수 있다.
- 물의 끓는점을 측정할 수 있다.
- 에탄올의 끓는점을 측정하는 실험 장치를 설계할 수 있다.
- 에탄올의 끓는점을 측정할 수 있다.

 **준비물**

컴퓨터, 핫플레이트, MBL 인터페이스, 스테인레스 온도 프로브 2개, 증류수, 500 mL 비커, 100 mL 가지달린 둥근바닥 플라스크, 100 mL 눈금실린더, 끓임쪽, 스탠드, 클램프 3개, 고무관, 유리관, 시험관, 구멍 뚫린 고무마개(온도 프로브를 꽂아야 함), Sealing Film

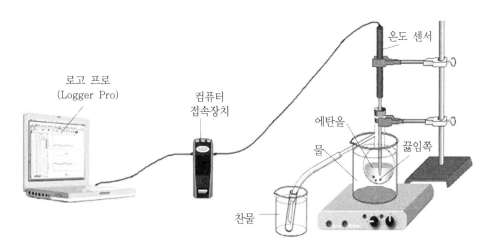

〈에탄올의 끓는점 장치〉

 **실험하기**

가. 물의 끓는점 측정하기

1. 500 mL의 비커에 물을 250 mL 정도 넣고, 끓임쪽을 2~3개 넣는다.
2. 비커를 핫플레이트 위에 올리고 온도 센서를 비커의 물에 반쯤 잠기게 클램프로 고정한다.
3. 온도 센서와 인터페이스, 컴퓨터를 연결한 후 Logger Pro을 연다.
4. 다음과 같이 데이터 수집 정보를 설정한다.

(1) 메뉴바의 experiment에서 data collection을 클릭하여 mode를 time based, Length를 2000seconds 정도로 넉넉히 맞추어준다(실험이 빨리 끝날 경우 ▣ Stop 버튼을 이용하여 실험을 중지할 수 있다).

(2) graph options를 클릭하면 제목을 입력할 수 있다.

(3) column options를 클릭하면 x축과 y축의 이름과 단위를 지정할 수 있다.

(4) 그래프를 마우스로 끌고 당기면 축의 높이, 눈금 간격을 조절할 수 있다.

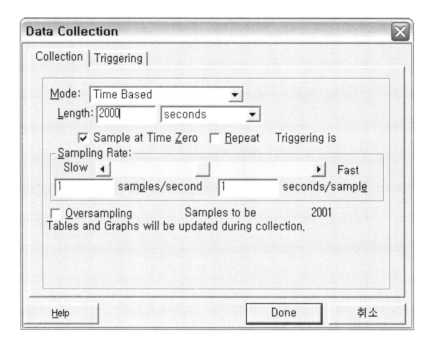

5. 핫플레이트의 heat을 7 정도로 놓고 ▶Collect 버튼을 클릭하여 온도를 측정한다. (물의 양에 따른 끓는점의 변화를 측정할 것이므로 가열온도(불꽃의 세기)는 일정하게 유지시켜줘야 한다.)

6. 500초 정도 연속해서 온도가 일정하게 나타나면 ▣ Stop 버튼을 클릭하여 실험을 끝낸다.

나. 에탄올의 끓는점 측정하기

1. 100 mL 가지달린 둥근바닥 플라스크에 에탄올을 25 mL 정도 넣고, 끓임쪽을 2~3개 넣는다.

2. 500 mL 비커에 물을 반쯤 채워 에탄올을 물중탕할 수 있도록 장치한다.

3. 온도 센서가 에탄올에 약간 잠길 정도로 위치를 조정한 후 마개를 닫는다(적절한 마개를 구할 수 없는 경우 sealing film을 이용하여 플라스크의 입구를 막을 수 있다).

4. 핫플레이트의 heat을 6 정도로 놓고 ▶Collect 버튼을 클릭한 후, Store Latest Lun을 클릭한다(물의 양에 따른 끓는점의 변화를 측정할 것이므로 가열온도(불꽃의 세기)는 일정하게 유지시켜줘야 한다).

5. 500초 정도 연속해서 온도가 일정하게 나타나면 ■Stop 버튼을 클릭하여 실험을 끝낸다.

6. 실험이 끝나면 ■Stop 버튼을 클릭하고 자료를 저장한 후 결과를 분석한다.

〈그래프를 붙이세요.〉

〈에탄올의 끓는점 곡선〉

생각해 보기

1. 물의 끓는점은 몇 ℃인가?

2. 에탄올의 끓는점은 몇 ℃인가?

3. 에탄올을 가열할 때 물중탕 하는 이유는 무엇일까?

4. 물질의 끓는 온도를 측정하여 물질의 종류를 구별할 수 있을까? 그리고 그렇게 답한 이유는 무엇인지 설명해 보자.

한걸음 더

1. 에탄올과 물의 끓는점을 비교해 보자. 어떠한 차이점이 있으며 그 이유는 무엇인지 생각해 보자.

2. 에탄올을 중탕으로 가열할 때 물을 사용하는 이유를 생각해 보자.

물과 에탄올의 끓는점 측정

관련 교육 과정 : 중학교 1~3학년군 '물질의 특성'

이 실험은 중학교 물질의 특성 단원 중 액체의 끓는점을 측정해 보는 것으로 물과 에탄올의 끓는점을 측정해 보고 끓는점이 물질의 특성임을 알아보는 실험이다.

- 주요 개념 : 에탄올, 끓는점, 상태변화(기화)
- 탐구 기능 : 측정하기, 추리하기, 분석하기, 일반화하기

참고 자료

가. 실험과 관련된 과학개념

1. 끓는점

- 순수한 액체 물질을 가열하면 끓는 동안에는 가해 준 열이 모두 상태변화에 쓰이므로 온도가 일정하게 유지된다. 이때의 온도를 끓는점이라고 한다.
- 물질에 따라 입자 사이의 인력이 다르기 때문에 물질의 종류에 따라 끓는점이 다르며

물질의 특성이 된다.
- 예) 철(2750℃), 수은(357℃), 에탄올(79℃), 암모니아(−33℃), 산소(−183℃)
- 끓는 온도가 낮은 물질 : 아세톤, 에테르, 메탄올, 질소, 산소
- 끓는 온도가 높은 물질 : 물, 식용유, 글리세린
• 끓는점과 입자 사이의 인력 : 입자 사이의 인력이 강한 물질일수록 입자 사이의 인력을 이겨내고 기체로 되는 데 많은 열에너지가 필요하므로 끓는점이 높다.

나. 실험 시 유의사항

1. 이 실험에서 사용하는 스테인레스 온도 프로브(Stainless Steel Temperature Probe)의 측정범위는 −40~130℃이며, 온도 프로브는 인터페이스에 연결하고 Logger Pro 프로그램을 실행시키면 자동 인식된다.
2. 온도 센서의 전선이 핫플레이트 등에 닿지 않도록 주의한다.
3. 액체의 끓는점을 측정할 때는 불꽃의 세기를 일정하게 유지해야 하므로 핫플레이트의 heat을 일정하게 유지하면서 실험하는데 heat을 너무 낮게 하면 물에서 공기 중으로 방출되는 열에너지 때문에 물이 끓는 것을 관찰하기 어려우므로 heat은 5 이상의 값(7 정도)을 유지하도록 한다.
4. 실험실은 환기가 잘 되도록 한다.
5. 에탄올은 인화성이 있는 물질이므로 반드시 가지달린 둥근바닥 플라스크의 에탄올이 들어 있는 부분이 물에 잠기도록 장치한다.
6. 그래프에서 온도가 일정하게 유지되는 부분이 500초 정도 유지되면 Stop 버튼을 클릭하여 실험을 끝낸다. 너무 오랫동안 가열하여 액체에 잠긴 온도 센서가 액체 위로 드러나지 않게 한다.
7. 그래프가 화면의 위쪽으로 너무 크게 보이거나, 그래프가 작게 보일 경우는 Logger Pro의 그래프의 x축과 y축을 마우스로 drag하여 축의 길이와 높이를 조정할 수 있다.

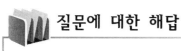 **질문에 대한 해답**

가. 생각해 보기

1. 100℃
2. 79.6℃
3. 에탄올은 인화성이 있는 물질로 직접 가열하면 기체에 불이 붙어 화재를 유발할 수 있다.
4. 순수한 액체를 가열하면 끓는 동안 온도가 일정하게 유지되는데 이 온도를 끓는점이라고 한다. 끓는점은 물질마다 다르므로 물질을 구별할 수 있는 특성이 된다.

나. 한걸음 더

1. 물의 끓는점은 100℃, 에탄올의 끓는점은 79.6℃로 물의 끓는점이 더 높다. 끓는점은 액체가 기체로 상태변화할 때의 온도로, 끓는 동안 온도가 일정하게 유지된다. 이는 가열에 의한 에너지가 분자의 운동에너지를 증가시켜 분자 간의 인력을 약하게 하기 때문에 나타나며 분자 간의 인력이 약한 물질일수록 끓는점은 낮다. 따라서 에탄올은 물보다 분자 간의 인력이 약한 물질임을 알 수 있다.

2. 물은 쉽게 구할 수 있으며, 불에 붙지 않는다. 또한 끓는점이 100℃로 에탄올보다 높아 에탄올을 먼저 끓일 수 있으므로 에탄올의 끓는점을 측정하는 액체로 적당하다.

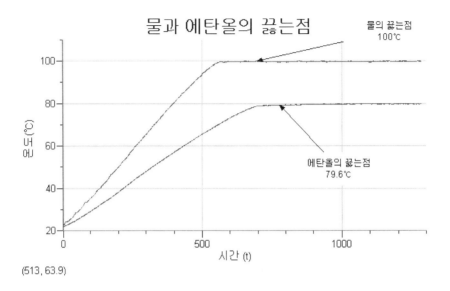

물과 에탄올의 끓는점

물의 끓는점
100℃

에탄올의 끓는점
79.6℃

온도(℃)

시간 (t)

(513, 63.9)

• 에탄올은 약 79.6℃에서 끓으며, 끓는 동안 온도가 일정하게 유지된다.

 심화자료

1. 온도계의 위치에 따른 에탄올의 끓는점을 비교해 볼 수 있다. 온도계의 어떤 위치가 좋을 지를 생각해 보게 한 후, 직접 실험을 설계하고 실험해 보게 한다. 즉, 두 개의 온도 센서를 이용하여 한 개는 액체에 잠기도록, 한 개는 플라스크의 가지 부근에 오도록 장치한 후 끓는점을 비교하여 온도계의 위치에 따라 나타나는 끓는점의 차이를 알아보고, 그 이유를 생각해 보게 한다.

2. 온도계의 위치에 따른 끓는점의 차이가 냉각에 의한 차이라고 가정한 경우 둥근 플라스크의 목 부분을 단열재로 감싸면 끓는점의 차이가 줄어들게 될 것이다. 이런 방법으로 학생들이 생각한 온도 차의 요인을 실험을 통해 검증해 보게 할 수 있다.

16 물의 어는점과 녹는점

들어가기

　물질이 액체에서 고체로 변하는 온도인 어는점과 고체에서 액체로 변하는 온도인 녹는점은 모두 물질의 특성이다. 이 실험에서는 익숙한 물질인 물의 가열·냉각 곡선을 통해 물의 어는점과 녹는점을 알아보고 두 온도를 비교할 것이다.

학습목표

- 물을 가열하거나 냉각하면서 온도를 측정할 수 있다.
- 물의 어는점과 녹는점을 그래프를 통해 분석할 수 있다.
- 물의 어는점과 녹는점 사이의 관계를 비교할 수 있다.

준비물

　컴퓨터, 핫플레이트, MBL 인터페이스, 스테인레스 온도 프로브, 링스탠드, 클램프, 시험관, 500 mL 비커, 물, 10 mL 눈금실린더, 얼음, 소금, 유리 막대

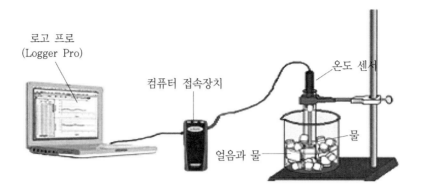

로고 프로
(Logger Pro)

컴퓨터 접속장치

온도 센서

물

얼음과 물

 실험하기

가. 어는점

1. 500 mL 비커에 1/3을 얼음으로 채우고, 물 100 mL를 넣는다.

2. 물 5 mL를 시험관에 넣고 클램프를 사용하여 시험관을 비커 속에 넣는다.

3. 온도 센서와 인터페이스를 컴퓨터에 연결하고 Logger Pro 프로그램을 연다.

4. 준비가 끝나면 ▶ Collect 버튼을 눌러 자료 수집을 시작한다. 이때 얼음이 담긴 비커 속으로 시험관을 가능한 깊게 넣도록 한다.

5. 비커에 소금을 5순가락 정도 넣고 유리 막대로 저어준다. 실험이 끝날 때까지 계속해서 저어주도록 한다. (중요: 소금이 완전히 녹도록 저어준다.)

6. 처음 10분 정도는 센서를 천천히 계속적으로 움직여 준다. 얼음이 형성되기 시작할 때도 센서를 얼음 위가 아닌 시험관 내부에 둔다. 10분이 지나면 센서를 움직이지 말고 물이 얼음이 되도록 방치한다. 비커의 얼음이 작아지면 비커에 얼음을 추가한다.

7. 15분이 지났을 때 자료 수집을 끝낸다. 10의 순서까지는 시험관이 얼음이 담긴 비커에 잠겨 있도록 유지한다.

8. 그래프를 통해 물의 어는점을 결정하는 곡선이 일정하게 유지되는 부분을 분석한다.
   • 다음 그림과 같이 그래프가 일정하게 유지되는 시작부분에 마우스 포인트를 놓고 drag한 후, Statistics button인 📊을 클릭한다. 선택된 데이터의 평균 온도 값이 그래프의 Statistics box에 나오면 이 값을 데이터 표에 어는점으로 기록한다.

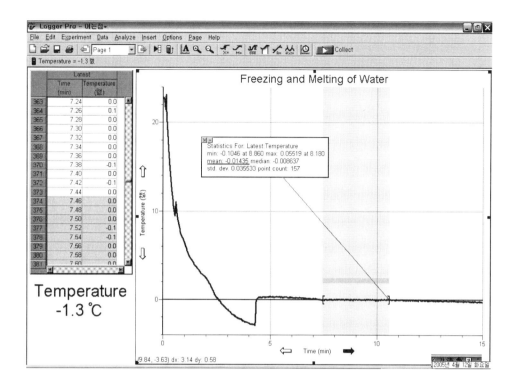

• Statistics box를 없애려면 박스의 왼쪽 상단을 클릭한다.

나. 녹는점

1. 자료 수집을 위해 컴퓨터를 준비한다. 메뉴바의 experiment에서 Store Latest Run (최근 실행 문서)를 클릭하고 나중에 사용하기 위해 저장한다. 어는점 곡선을 숨기기 위해 그래프의 온도 세로축 라벨인 Temperature을 클릭하고 more을 선택한다. Y axis options에서 Run 1 Temperature box의 체크를 한 번 클릭하여 지우고 ⎡ OK ⎤버튼을 클릭한다.

2. 자료 수집을 위해 ▶ Collect 버튼을 클릭한다. 이때 시험관을 얼음이 담긴 비커 위로 올리고 고정한다. 녹는점을 측정하는 동안 온도 센서를 움직이지 않는다.

3. 얼음이 담긴 비커를 치운다. 비커에 따뜻한 물 250 mL를 넣는다. 12분이 지났을 때 시험관을 낮추어 따뜻한 물이 담긴 비커에 담기게 한다.

4. 15분이 지나면 자료 수집을 끝낸다.

5. 그래프에서 물의 녹는점을 결정하는 그래프의 평평한 부분을 분석한다.

   • 그래프가 일정하게 유지되는 시작부분에 마우스 포인트를 놓고 drag한 후, Statistics button인 ![STAT]을 클릭한다. 선택된 데이터의 평균 온도 값이 그래프의 Statistics box에 나오면 이 값을 데이터 표에 녹는점으로 기록한다.

   • Statistics box를 없애려면 박스의 왼쪽 상단을 클릭한다.

6. 온도와 시간 사이의 그래프를 다음의 과정을 거친 후 인쇄한다.

   • 그래프의 세로축 라벨인 temperature을 클릭한 후 more을 선택하고, Run 1 Temperature와 Latest Temperature boxes의 체크박스에 체크한 후, OK 버튼을 클릭한다.

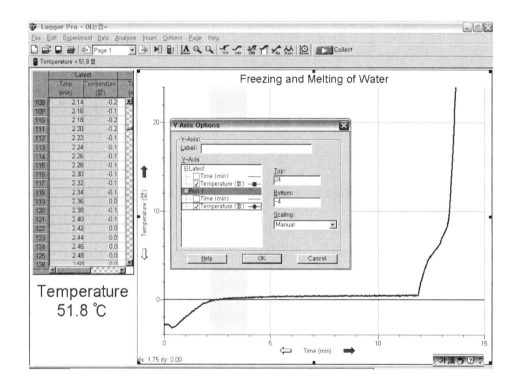

   • 추가 메뉴에서 Text Annotation(주석)을 선택하여 "어는점(녹는점)"의 형태로 그래프에 이름을 단다.

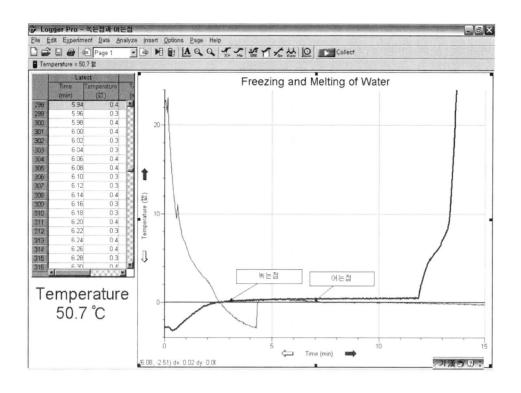

물의 어는점	℃
물의 녹는점	℃

생각해 보기

1. 물이 얼고 녹는 동안에 온도 변화는 어떻게 나타나는가?

2. 결과와 그래프에 따르면 물의 어는점과 녹는점은 몇 도인가? 0.1℃ 수준으로 쓰시오.

3. 물의 녹는점과 비교하여 어는점은 어떠한가?

한걸음 더

• 어는점 곡선을 보면 얼기 전에 온도가 0℃ 이하로 내려갔다가 다시 올라가면서 일정한 온도 구간을 나타내는 것을 관찰할 수 있다. 그 이유는 무엇일까?

16

물의 어는점과 녹는점

 관련 교육 과정 : 중학교 1~3학년군 '물질의 특성'

이 실험은 물질의 특성 단원 중 물의 어는점과 녹는점을 측정해 보는 실험이다. 실험은 녹는점과 어는점의 두 가지 과정을 통해 실행되지만 실험 결과는 어는점과 녹는점 곡선의 형태로 한 화면에 나타난다. 따라서 측정된 두 가지 곡선을 비교하여 어는점과 녹는점의 관계를 이해하도록 유도하면서 지도한다.

- 주요 개념 : 어는점, 녹는점, 융해열, 응고열, 상태변화
- 탐구 기능 : 측정하기, 그래프 그리기, 추리하기, 분석하기

 참고 자료

가. 실험과 관련된 과학개념

1. 녹는점

- 고체를 가열하면 온도가 높아지다가 고체가 융해되는 구간에서는 온도가 일정하게

유지되는데, 이때의 온도를 녹는점이라고 한다.

- 녹는점에서의 온도가 일정하게 유지되는 이유는 가해준 열에너지가 고체에서 액체로
의 상태변화에 쓰이기 때문이다.

2. 녹는점과 입자 사이의 인력

입자 사이의 인력이 강한 물질일수록 입자 사이의 인력을 이겨내고 액체로 되는 데
많은 열에너지가 필요하므로 녹는점이 높다.

3. 어는점

액체의 냉각 곡선에서 수평한 부분의 온도를 어는점이라고 하며, 이때 액체가 고체로
상태변화하면서 열에너지를 방출하기 때문에 온도가 일정하게 유지된다.

4. 녹는점과 어는점의 관계

같은 물질의 녹는점과 어는점은 같고 열의 출입은 서로 반대이다.

얼음 ⟷ 물

녹는점(0℃)-열흡수

어는점(0℃)-열방출

5. 몇 가지 물질의 어는점

물질	산소	에탄올	아세트산	물	수은	철
어는점 (℃)	−218	−114	17	0	−39	1535

6. 과냉각

물질에는 각각 그때의 온도에 따른 안정 상태가 있어서, 온도를 서서히 변화시켜 가면
이에 따라 그 물질의 구성 입자가 각 온도에서 안정 상태를 유지하면서 온도의 변화를

따라갈 수 있다. 그러나 온도가 갑자기 변하면 구성 입자가 각 온도에 따른 안정 상태로 변화할 만한 여유가 없기 때문에, 출발점 온도에서의 안정 상태를 그대로 지니거나, 또는 일부분이 종점 온도에서의 상태로 변화하다가 마는 현상이 일어난다.

즉, 어떤 온도 T를 경계로 하여 그 이상에서는 다른 결정형의 고체가 되거나 또는 녹아서 액체가 되는 변화가 있는 경우, 그 물질을 T 이상의 온도에서 어느 정도 이하로 급냉시키면 그 변화가 일어나지 못하고, 응고점 이하인데도 여전히 액체인 채로 있거나, T 이하인데도 그 이상의 온도에서 가진 안정한 결정형인 채로 있는 현상이 일어난다. 이것을 지나치게 냉각했다는 뜻에서 과냉각(supercooling)이라 한다.

나. 실험 시 유의사항

1. 이 실험에서 사용하는 스테인레스 온도 프로브(Stainless Steel Temperature Probe)의 측정범위는 −40~130℃이며, 온도 프로브는 인터페이스에 연결하고 Logger Pro 프로그램을 실행시키면 자동 인식된다.

2. 얼음은 미리 여유 있게 준비하여 얼음이 녹아 없어질 때 계속적으로 넣어줄 수 있게 한다.

3. 소금 대신에 염화나트륨을 사용할 수 있다. 염화나트륨을 사용할 경우 약 40 g의 염화나트륨이 사용된다.

4. 어는점과 녹는점을 측정하는 데 걸리는 시간을 변경하고 싶을 경우 메뉴바에서 experiment - data collection을 클릭하여 변경할 수 있다.

5. 온도 센서의 전선이 핫플레이트 등에 닿지 않도록 주의한다.

6. 온도 센서를 한 번 사용하고 나면 잘 닦고 말려서 다시 사용하도록 한다.

 질문에 대한 해답

가. 생각해 보기

1. 물이 어는 동안 온도는 일정하게 유지된다.
2. 어는점 : 0.0℃, 녹는점 : 0.0℃

3. 물의 어는점은 녹는점과 같다.

나. 한걸음 더

• 얼지 않으면서 온도가 어는점 이하로 내려간 상태를 과냉각 상태라고 한다. 물질에는 각각 그때의 온도에 따른 안정 상태가 있어서, 온도를 서서히 변화시켜 가면 이에 따라 그 물질의 구성 입자가 각 온도에서 안정 상태를 유지하면서 온도의 변화를 따라갈 수가 있다. 그러나 온도가 갑자기 변하면 구성 입자가 각 온도에 따른 안정 상태로 변화할 만한 여유가 없기 때문에, 출발점 온도에서의 안정 상태를 그대로 지니거나, 또는 일부분이 종점 온도에서의 상태로 변화하다가 마는 현상이 일어난다. 아래 그림에서 과냉각된 상태를 찾아보자.

 결과 예시

물의 어는점	−0.01435 ℃
물의 녹는점	0.07819 ℃

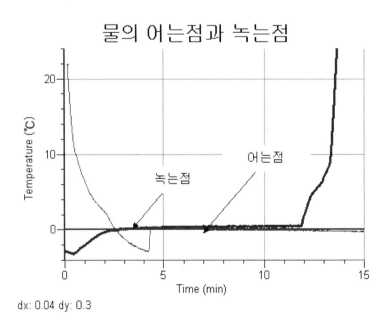

물의 어는점과 녹는점

dx: 0.04 dy: 0.3

- 물을 냉각시키면 과냉각 상태에 도달했다가 0℃ 부근에서 얼기 시작한다. 어는 동안 응고열을 방출하므로 온도는 더 이상 내려가지 않고 일정하게 유지된다.
- 얼음을 녹이면 온도가 올라가다가 0℃ 부근에서 일정하게 나타나기 시작하는데, 이는 녹는 동안 융해열을 흡수하므로 온도가 더 이상 올라가지 않고 일정하게 유지된다.

 **심화자료**

1. 상태변화가 일어날 때 흡수하거나 방출하는 열을 실생활에서 어떻게 이용할 수 있는지 토의해 본다.

2. 다른 물질의 어는점과 녹는점을 측정하게 한 후, 물과 비교하고 그 이유를 토의해 본다.

17 혼합물의 끓는점(끓는점 오름)

 들어가기

1기압에서 물의 끓는점은 100℃이다. 끓는점은 물질의 특성으로 순물질의 경우 일정한 값을 나타낸다. 그러나 여기에 소금물 같은 고체 용질을 넣어 혼합물을 만들면 끓는점은 어떻게 될까? 이 실험에서는 염화나트륨을 물에 녹인 수용액과 물의 끓는점을 비교하고 고체와 액체 혼합물의 끓는점 곡선을 파악해 볼 것이다.

 학습목표

• 혼합물의 가열 곡선을 그릴 수 있다.
• 혼합물의 가열 곡선을 이해할 수 있다.
• 순물질과 혼합물의 가열 곡선을 비교할 수 있다.

 **준비물**

컴퓨터, 핫플레이트, MBL 인터페이스, 스테인레스 온도 프로브 2개, 증류수, 염화나트륨, 100 mL 비커, 50 mL 비커 2개, 250 mL 눈금실린더, 끓임쪽, 스탠드, 클램프 2개, 유리 막대, 약숟가락, 전자저울

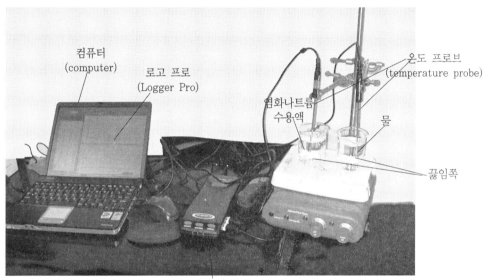

 실험하기

1. 염화나트륨 수용액을 만든다. (염화나트륨 11.7 g을 100 g의 물에 녹여 용액을 만들 수 있다.)
2. 100 mL 비커 2개를 준비한 후, 염화나트륨 수용액과 증류수를 각각 75 mL씩 넣고 끓임쪽을 넣는다.
3. 온도 센서와 인터페이스, 컴퓨터를 연결한 후 Logger Pro을 연다.
4. 다음과 같이 데이터 수집 정보를 설정한다.

(1) 메뉴바의 experiment에서 data collection을 클릭하여 mode를 time based, Length 를 2000seconds 정도로 넉넉히 맞추어준다(실험이 빨리 끝날 경우 ■ Stop 버튼을 이용하여 실험을 중지할 수 있다).

(2) graph options를 클릭하면 제목을 입력할 수 있다.

(3) column options를 클릭하면 x축과 y축의 이름과 단위를 지정할 수 있다.

(4) 그래프를 마우스로 끌고 당기면 축의 높이, 눈금 간격을 조절할 수 있다.

(5) data수집 시간을 작게 설정한 경우 다시 ▶ Collect 버튼을 클릭하고 append the latest data를 클릭하면 시간을 계속적으로 연장하며 실험을 계속 진행할 수 있다.

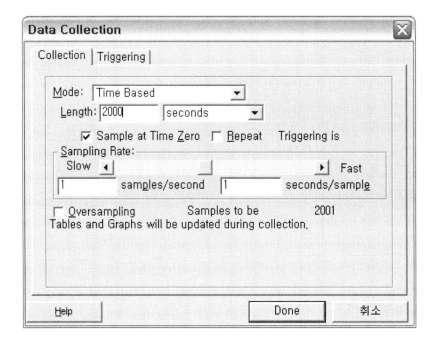

5. 핫플레이트의 heat을 10 정도로 놓고 ▶ Collect 버튼을 클릭하여 온도를 측정한다. (물질의 종류에 따른 끓는점의 차이점을 측정할 것이므로 가열온도(불꽃의 세기)는 일정하게 유지시켜줘야 한다.)

6. 500초 정도 연속해서 온도가 일정한 경향성을 나타내면 ■ Stop 버튼을 클릭하여 실험을 끝내고 결과를 분석한다.

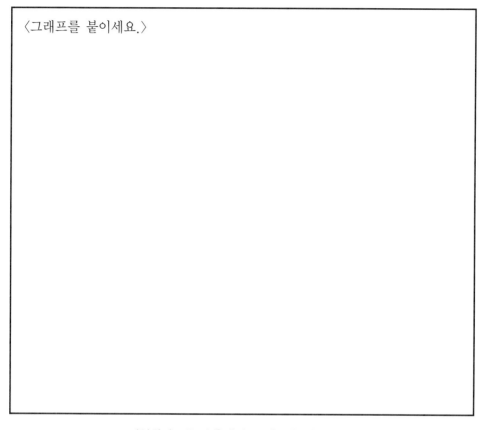

〈그래프를 붙이세요.〉

〈염화나트륨 수용액과 물의 끓는점 곡선〉

생각해 보기

1. 물의 끓는점과 염화나트륨 수용액의 끓는점을 비교하시오.

2. 염화나트륨 수용액의 끓는점이 물보다 높게 나타나는 이유는 무엇인가?

3. 염화나트륨 수용액의 끓는점은 일정한가? 그렇지 않다면 그 이유는 무엇인가?

4. 염화나트륨의 질량을 증가시키면 끓는점은 어떻게 될까?

한걸음 더

- 염화나트륨 수용액의 끓는점 곡선과 에탄올 수용액의 끓는점 곡선을 비교하면 어떠한 차이가 있을까?

17

혼합물의 끓는점(끓는점 오름)

관련 교육 과정 : 중학교 1~3학년군 '물질의 특성'

이 실험은 고체와 액체 혼합물의 끓는점을 측정하여 혼합물과 순물질의 차이점을 비교해 보는 실험이다. 이 실험에서는 염화나트륨 수용액과 순수한 물의 끓는점을 비교해 볼 것이다.

- 주요 개념 : 혼합물, 끓는점 오름
- 탐구 기능 : 측정하기, 추리하기, 분석하기

참고 자료

가. 실험과 관련된 과학개념

1. 혼합물의 성질

- 끓는점 : 가열 곡선에서 수평인 부분이 나타나지 않고, 온도가 점점 올라가며, 순물질보다 끓는점이 높다.

• 녹는점(어는점)이 일정하지 않아 가열·냉각 곡선에서 수평인 부분이 나타나지 않고, 순물질보다 녹는점(어는점)이 낮다.

2. 혼합물의 가열 곡선

상태	고체와 고체	고체와 액체	액체와 액체
	나프탈렌과 파라디클로로벤젠의 가열곡선	소금물의 가열곡선	에탄올 수용액의 가열곡선
가열냉각 곡선			
	-> 혼합물의 녹는점은 순물질보다 낮다.	-> 혼합물의 끓는점은 순수한 액체물질보다 높고, 어는점은 낮다.	-> 성분 물질의 개수만큼 수평한 부분이 나타난다.
특징	혼합물은 녹는 동안에도 온도가 계속 내려간다(수평한 구간이 나타나지 않는다).	농도가 진할수록 끓는점↑, 어는점↓	끓는점이 낮은 액체가 먼저 끓어 나온다.

3. 몰랄 농도(단위 : m)

• 용매 질량 1 kg당 녹아 있는 용질의 몰수로 용매의 양을 질량으로 나타내기 때문에 온도가 달라져도 변하지 않는다.
• 염화나트륨 2몰랄 농도 만들기
  – 염화나트륨 2몰(2×분자량 = 2×58.44 = 116.8 g)을 물 1000 g에 녹이면 된다. 이 실험에서는 염화나트륨 11.7 g을 100 g의 물에 녹여 용액을 만들 수 있다.

4. 용액의 끓는점 오름과 어는점 내림

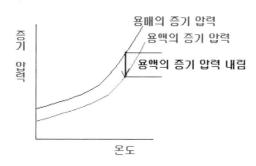

• 용액의 증기 압력 내림
  – 라울의 법칙 : 비휘발성, 비전해질인 용질이 녹아 있는 용액의 증기압력 내림은
    용질의 몰랄 농도에 비례한다. 예를 들어, 설탕을 물에 녹인 경우 비휘발성인
    설탕 분자가 물이 증발하는 것을 부분적으로 방해하기 때문에 설탕물의 증기
    압력은 물보다 낮아진다.

• 묽은 용액의 끓는점 오름과 어는점 내림

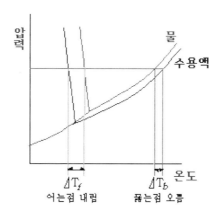

  – 용액의 끓는점 오름(ΔT_b, Boiling point elevation) : 용액의 끓는점과 순수한
    용매의 끓는점의 차이
  – 용액의 어는점 내림(ΔT_f, Freezing point lowering) : 순수한 용매의 어는점과
    용액의 어는점의 차이

– 용액의 끓는점 오름이 나타나는 이유 : 용액의 증기압이 순수한 용매의 증기압보다 낮아지기 때문이다. 즉, 용액이 끓으려면 낮아진 증기 압력 때문에 더 많은 에너지를 가해 증기압이 외부의 압력과 같아질 때까지 가열해야 하므로(증기압과 대기압이 같아지는 온도가 끓는점이다.) 용액의 끓는점은 높아진다. 또한 열린 용기에서 용액이 끓을 때 용매 입자가 증발되어 용액의 농도가 점점 진해지므로 용액의 끓는점은 점점 높아진다.

– 용액의 어는점 내림이 나타나는 이유 : 물속에 녹아 있는 비휘발성 용질은 물 분자가 결정화하는 것을 막으므로 어는점은 낮아진다. 또한 용액이 얼 때 생기는 결정은 순수한 용매이므로 결정이 생김에 따라 남아 있는 용액의 농도가 점점 진해져 어는점은 계속 내려간다.

– 몇 가지 물질의 끓는점 오름과 어는점 내림

〈물 1 kg에 용질 1몰을 녹인 용액의 경우(용액의 농도가 1몰랄 농도인 경우)〉

	설탕	NaCl	$CaCl_2$	$Al_2(SO_4)_3$
끓는점 오름(℃)	0.52	1.04	1.56	2.60
끓는점(℃)	100.52	101.04	101.56	102.60
어는점 내림(℃)	1.86	3.72	5.58	9.30
어는점(℃)	-1.86	-3.72	-5.58	-9.30

나. 실험 시 유의사항

1. 이 실험에서 사용하는 스테인레스 온도 프로브(Stainless Steel Temperature Probe)의 측정범위는 -40~130℃이며, 온도 프로브는 인터페이스에 연결하고 Logger Pro 프로그램을 실행시키면 자동 인식된다.

2. 염화나트륨 수용액의 농도를 2몰랄 농도보다 작게 한 경우, 그 차이가 분명하게 나타나지 않아 그래프의 경향성을 판단하기 어렵다. 따라서 2몰랄 농도 이상의 용액을 만들어 실험하는 것이 좋다.

3. 온도 센서의 전선이 핫플레이트 등에 닿지 않도록 주의한다.

4. 실험을 시작하기 전에 Logger Pro의 experiment – data collection을 클릭하여 실험 시간을 2000초 이상으로 맞춘다. (실험이 빨리 끝날 경우 ■ Stop 버튼을 이용하

여 실험을 중지할 수 있으며, 실험 결과보다 data수집 시간을 작게 설정한 경우 다시 ▶Collect 버튼을 클릭하고 append the latest data를 클릭하면 시간을 계속적으로 연장하며 실험을 계속 진행할 수 있다.)

5. 액체의 끓는점을 측정할 때는 불꽃의 세기를 일정하게 유지해야 하므로 핫플레이트의 heat을 일정하게 유지하면서 실험한다. 그러나 heat을 너무 낮게 하면 물에서 공기 중으로 방출되는 열에너지 때문에 물이 끓는 것을 관찰하기 어려울 수 있으므로 heat은 7 이상의 값을 유지하도록 한다.

6. 물과 염화나트륨 수용액을 일정 시간 방치하여 실험을 시작하면 초기 온도가 비교적 유사하게 얻어지므로 학생들이 그래프를 해석하는 데 있어 도움이 될 수 있다.

7. 그래프가 화면의 위쪽으로 너무 크게 보이거나, 그래프가 작게 보일 경우는 Logger Pro에 나타난 그래프의 x축과 y축을 마우스로 drag하여 축의 길이와 높이를 조정할 수 있다. 메뉴에서 autoscale graph버튼인 🅰 을 누르면 화면 크기에 적당한 그래프를 얻을 수 있다.

질문에 대한 해답

가. 생각해 보기

1. 물은 100℃에서 끓으며 끓는 동안 온도가 일정하게 유지된다. 그러나 염화나트륨 수용액의 경우 100℃ 이상에서 끓기 시작하며, 끓는 동안 온도가 계속 상승한다.

2. 염화나트륨 입자는 염화나트륨 수용액 표면의 일부를 막아서 물 분자가 공기 중으로 기화하는 것을 방해한다. 따라서 (순수한 용매보다 낮은 증기압력을 갖게 되므로) 순수한 용매보다 높은 온도에서 끓기 시작한다.

3. 염화나트륨 수용액이 끓을수록 순수한 물은 기화하여 점점 줄어들므로 용액의 농도는 점점 진해지고 끓는 온도도 계속 올라가게 된다.

4. 염화나트륨의 질량을 증가시키면 용매의 기화를 방해하는 용질의 양이 증가하므로 용액의 끓는점은 더 높아진다.

나. 한걸음 더

• 고체와 액체의 혼합물인 염화나트륨 수용액은 용매보다 높은 온도에서 끓기 시작하며 끓는 동안 온도가 계속 상승한다. 그러나 액체와 액체의 혼합물인 에탄올 수용액의 경우, 끓는점이 낮은 에탄올이 80℃ 근처에서 먼저 끓어 나오며 100℃에서 나머지 물이 끓어 나온다.

 결과 예시

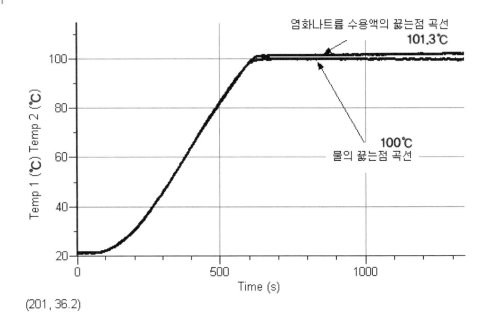

(201, 36.2)

• 염화나트륨 수용액의 끓는점 : 101.3℃에서 끓기 시작하여 끓는 동안 온도가 계속 상승한다.
• 물의 끓는점 : 100℃에서 끓으며, 끓는 동안 온도가 일정하게 유지된다.
• 다음 그래프는 물질이 끓는 동안 나타난 그래프를 확대한 것이다.

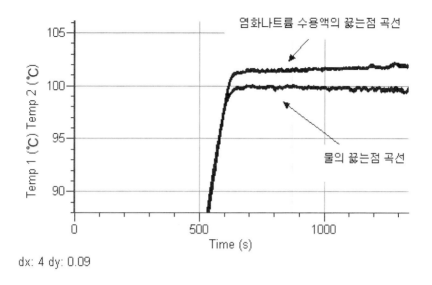

dx: 4 dy: 0.09

• 염화나트륨 수용액은 물의 끓는점보다 높은 온도에서 끓기 시작하며, 끓는 동안 온도가 조금씩 상승한다.

 심화자료

1. 물과 염화나트륨 수용액의 어는점을 측정할 수 있다.

2. 이 실험에서는 2몰랄 농도의 염화나트륨 수용액을 사용하였다. 1몰랄 농도당 끓는점 오름이 0.52℃이고, 염화나트륨이 염화 이온과 나트륨 이온으로 해리되는 것을 고려 할 때 끓는점은 약 4×0.52℃ = 2.08℃ 정도 상승한다. 염화나트륨 수용액의 농도를 다르게 하여 실험을 통해 이론값과 비교해 볼 수 있다. (끓는점 오름은 용질의 상호작 용을 무시할 수 있는 이상 용액에 대해 정의된 값이다. 염화나트륨의 경우 이상 용액과 매우 근접하게 행동하는 물질이다.)

18 물과 에탄올 혼합물의 분리

들어가기

　서로 잘 섞이지 않는 물과 기름의 혼합물은 분별 깔때기를 이용하면 쉽게 분리할 수 있다. 그렇다면 물과 잘 섞이는 물과 에탄올 혼합물은 어떻게 분리할 수 있을까? 에탄올 수용액의 예처럼 서로 잘 섞이는 액체 혼합물은 끓는점의 차이를 이용하여 분리한다. 이 실험에서는 물과 에탄올 혼합물을 단순증류 장치로 분리해 보고 증류의 원리를 알아볼 것이다.

학습목표

- 끓는점의 차이를 이용하여 서로 잘 섞이는 액체 혼합물을 분리할 수 있다.
- 단순증류 장치를 설계할 수 있다.
- 액체 혼합물의 끓는점 곡선을 이해할 수 있다.
- 증류의 원리를 이해할 수 있다.

준비물

컴퓨터, 핫플레이트, MBL 인터페이스, 스테인레스 온도 프로브, 250 mL 둥근바닥 플라스크, 고무마개 2개, 리비히 냉각기, 250 mL 삼각 플라스크 4개, 에탄올, 증류수, 끓임쪽, 고무관 2개, 스탠드 2개, 클램프 3개, 250 mL 둥근바닥 플라스크용 맨틀, 증류 장치 말단부 어댑터(연결관), 단열재(파이프 감는 단열재)

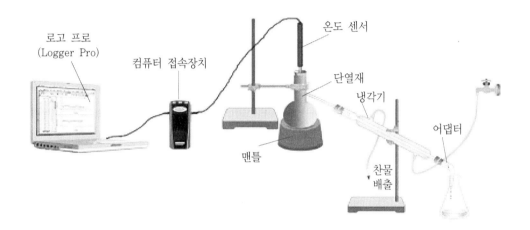

실험하기

1. 둥근바닥 플라스크에 에탄올 30 mL와 물 10 mL를 넣고, 끓임쪽을 3~4개 넣는다.
2. 둥근바닥 플라스크를 단열재로 감싼다(이때 온도계의 위치를 알 수 있도록 플라스크 의 가지부분은 싸지 않는다).
3. 그림처럼 플라스크의 가지부분과 리비히 냉각기, 증류 장치의 말단부분을 이용하여 증류된 기체를 냉각시키는 냉각 장치를 만든다(리비히 냉각기에서 물은 아래쪽으로 들어가서 위쪽으로 나오도록 설치한다).
4. 온도 센서를 둥근바닥 플라스크의 가지 부분에 위치시킨 후 클램프로 고정한다. 온도 센서, 인터페이스, 컴퓨터를 연결하고 새 파일을 연다.

5. 다음과 같이 데이터 수집 정보를 설정한다.

  (1) 메뉴바의 experiment에서 data collection을 클릭하여 mode를 time based, Length를 2500seconds 정도로 넉넉히 맞추어준다(실험이 빨리 끝날 경우 ■ Stop 버튼을 이용하여 실험을 중지할 수 있다).

  (2) graph options를 클릭하면 제목을 입력할 수 있다.

  (3) column options를 클릭하면 x축과 y축의 이름과 단위를 지정할 수 있다.

  (4) 그래프를 마우스로 끌고 당기면 축의 높이, 눈금 간격을 조절할 수 있다.

  (5) data수집 시간을 작게 설정한 경우 다시 ▷ Collect 버튼을 클릭하고 append the latest data를 클릭하면 시간을 계속적으로 연장하며 실험을 계속 진행할 수 있다.

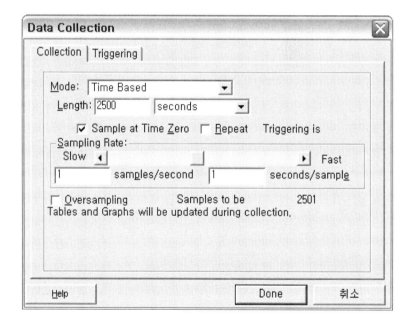

6. 리비히 냉각기에 찬물이 공급되도록 물을 틀고, 맨틀의 온도를 높여 가열한다.

7. 가열곡선의 형태를 보고 삼각 플라스크를 바꿔가며 에탄올과 물을 증류해낸다.

8. 플라스크 속의 액체의 양이 거의 없어지면 ■ Stop 버튼을 클릭하여 실험을 끝낸다.

＜그래프를 붙이세요.＞

＜에탄올 수용액의 가열곡선＞

생각해 보기

1. 그래프를 비슷한 모양이 나타나는 4개의 구간으로 나누고, 차례대로 A~D라고 적으시오.

2. A구간에서 온도가 올라가는 이유는 무엇인가?

3. B와 D구간에서 온도가 일정하게 유지되는 이유는 무엇인가?

4. B구간에서 증류되어 나오는 물질은 무엇인가?

5. C구간에서 온도가 올라가는 이유는 무엇인가?

6. D구간에서 증류되어 나오는 액체는 어떤 물질인가?

물과 에탄올 혼합물의 분리

관련 교육 과정 : 중학교 1~3학년군 '물질의 특성'

이 실험은 중학교 2학년의 물질의 특성 단원 중 서로 잘 섞이는 액체 혼합물을 끓는점 차이를 이용하여 분리하는 실험이다. 이 실험에서는 에탄올과 물의 혼합물을 단순증류 장치로 분리할 것이며 이를 통해 액체 혼합물을 분리하는 원리와 분별증류 장치의 원리를 학습하게 될 것이다.

• 주요 개념 : 끓는점, 증류, 분별증류, 서로 잘 섞이는 액체 혼합물의 분리
• 탐구 기능 : 측정하기, 그래프 그리기, 추리하기, 분석하기

참고 자료

가. 실험과 관련된 과학개념

1. 단순증류

• 두 가지 이상의 액체가 섞여 있는 액체 혼합물을 한 번의 증류 과정으로 분리하는 방법이다.

• 단순증류 과정 : 액체 혼합물을 가열하면 끓는점이 낮은 물질이 먼저 끓어 기체가 되어 나온다. 따라서 이때 증류된 액체를 받으면 끓는점이 낮은 물질을 얻을 수 있다. 또한 계속 가열하면 끓는점이 높은 물질이 끓어 나오므로 이때의 액체를 받으면 액체 혼합물을 분리할 수 있다.

2. 분별증류

• 두 가지 이상의 액체가 섞여 있는 액체 혼합물을 성분 물질의 끓는점 차이를 이용하여 증발과 응축 과정을 반복적으로 거쳐 각 성분물질로 분리하는 방법이다.

• 분별증류 과정 : 끓는점의 차가 작거나, 혼합물을 좀 더 순수한 물질로 증류하기 위해서는 분별증류 장치를 활용한다. 이때는 온도 구간이 거의 수평인 부분을 중심으로 몇 부분으로 나눈 다음, 각 부분에서 증류되어 나오는 물질을 받은 후 다시 각 부분을 증류하거나 증류관 안에 유리 도막 등을 넣어 여러 번의 증류가 일어나게 하는 방법을 활용한다.

• 분별증류 원리 : 액체 혼합물을 끓인 후, 그 증기들을 응축시키면 라울의 법칙에 따라 더 큰 증기 압력을 가진 휘발성이 큰 성분의 증기가 점점 더 많아진다. 따라서 응축된 증기에도 그 성분이 점점 더 늘어나게 되며 부분 정제가 일어난다. 예를 들어 물과 에탄올 혼합물의 경우 에탄올이 더 낮은 온도에서 끓으므로 임의의 온도에서 에탄올이 물보다 더 잘 증발한다. 따라서 기체 상태에서는 에탄올의 비율이 더 높다. 이 증기들만을 모아서 액체로 만들고, 그 액체에서 증발하는 기체들만을 다시 모아 액체로 만드는 작업을 반복하면 휘발성이 더 큰 액체만의 성분으로 정제할 수 있다.

나. 실험 시 유의사항

1. 이 실험에서 사용하는 스테인레스 온도 프로브(Stainless Steel Temperature Probe)의 측정범위는 −40~130℃이며, 온도 프로브는 인터페이스에 연결하고 Logger Pro 프로그램을 실행시키면 자동 인식된다.

2. 이 실험을 하기 위해서는 찬물을 계속 공급할 수 있는 수도꼭지가 필요하며, 맨틀, 컴퓨터, 인터페이스의 전원을 공급할 수 있도록 콘센트가 3개 정도 필요하다. 실험을 시작하기 전에 적절한 실험공간을 확보한다.

3. 에탄올의 냄새로 어지러울 수 있으므로 환기가 잘 되는 곳에서 실험한다.

4. 갑자기 끓어 넘치는 것을 막기 위해 끓임쪽을 반드시 넣어준다.

5. 냉각기의 찬물은 아래쪽에서 공급하여 위쪽으로 빠져나가도록 하는데, 이는 냉각 효과가 크고 공급하는 물에 공기가 들어가면 쉽게 빠져나갈 수 있는 장점이 있다.

6. 혼합물 용액이 전부 없어질 때까지 가열하면 가지달린 둥근 플라스크가 깨질 염려가 있으므로 용액이 전부 없어질 때까지 가열하지 않는다.

7. 액체의 양이 많으면 끓어 넘칠 수 있으므로, 둥근바닥 플라스크에 혼합물의 양이 플라스크의 2/3를 넘지 않도록 한다.

8. 맨틀의 온도조절장치에 너무 높은 전압을 걸어주면 가열이 빨리 되고 증기가 너무 빨리 없어져, 가지달린 둥근 플라스크 전체가 일정한 온도가 되므로 분리가 잘 안된다.

9. 너무 높은 전압에서 실험을 실행하면 돌비현상이 나타나므로 주의한다.

10. 단열재를 싸지 않으면 기화된 증기가 올라가면서 냉각되어 그래프의 온도가 일정한 구간에서 온도의 변동 폭이 크게 나타난다.

11. 맨틀은 플라스크의 크기에 맞는 규격사이즈를 사용한다.

12. 이 실험에서는 단순증류 장치를 이용하여 물과 에탄올의 혼합물을 분리하였다. 실험을 통해 학생들이 원리를 이해하면, 분별증류의 필요성과 분별증류 장치, 분별증류 과정도 생각해 보게 한다.

질문에 대한 해답

1.

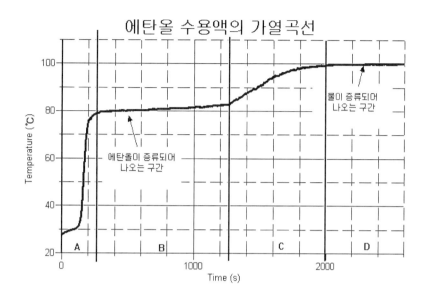

에탄올 수용액의 가열곡선

에탄올이 증류되어
나오는 구간

물이 증류되어
나오는 구간

2. 액체 상태의 물과 에탄올이 열을 얻어 분자의 에너지가 커지면서 온도가 올라간다.

3. 물과 에탄올이 기화하여 열에너지를 흡수하기 때문에(가해 준 열에너지가 상태변화에 사용되므로) 온도가 일정하게 나타난다.

4. 에탄올

5. 에탄올이 모두 끓어 나온 다음 액체 상태의 물이 열에너지를 얻어 온도가 올라간다.

6. 물

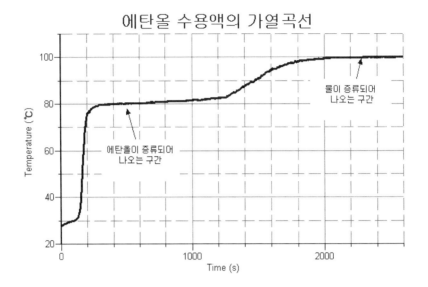

에탄올 수용액의 가열곡선

- 에탄올 수용액을 가열하면 79℃ 부근에서 에탄올이 먼저 끓어 나오며, 100℃ 부근에서 물이 끓어 나온다.
- 액체가 끓는 동안은 온도가 일정하게 유지되며, 가열 곡선이 수평하게 나타난다.
- 에탄올 수용액을 가열할 때 에탄올이 증류되어 나오는 구간은 실제 순수한 에탄올의 끓는점보다 약간 높으며, 끓는 동안 온도가 조금씩 상승한다.

 심화자료

1. 물과 에탄올의 조성을 다르게 하면 액체가 끓어 나오는 온도도 약간씩 다르게 나타난 다. 조성이 다른 물과 에탄올의 혼합물을 분리해 볼 수 있다.
2. 단순증류 장치를 통해 얻은 에탄올과 물을 다시 증류해 보거나, 분별증류 장치를 이용하여 실험한 후 결과를 비교할 수 있다.
3. 증류된 에탄올과 물이 순수한 물질인지 검증해 보는 과정을 거칠 수 있다.
4. 단열재를 싸지 않은 상태에서 실험한 후, 플라스크를 거치는 동안의 냉각 효과에 대해 알아볼 수 있다.

온도에 따른 용해도의 변화

들어가기

  찬물에 설탕을 넣고 숟가락으로 오랫동안 저어주어도 일부는 녹지 않고 바닥에 가라앉아 있다. 이때는 찬물을 가열하여 물의 온도를 높여주면 녹지 않던 설탕도 쉽게 녹는 것을 관찰할 수 있다. 이는 물질의 용해도가 용매의 온도에 따라 다르기 때문인데, 설탕의 경우 온도가 올라갈수록 용해도가 증가한다. 물에 대한 용해도는 어떤 온도에서 물 100 g 에 녹는 용질의 최대 양을 말하며 화학에서 중요한 물리적 특성 중 하나이다. 이 실험에서는 질산칼륨의 양을 달리하여 높은 온도에서 녹인 후, 각 용액을 냉각시켜 결정이 생성되기 시작할 때의 온도를 측정하는 방법으로 온도에 따른 질산칼륨의 용해도를 측정할 것이다.

학습목표

- 용해도의 개념을 이해할 수 있다.
- 온도에 따라 고체의 용해도를 측정할 수 있다.
- 측정한 자료를 이용하여 적절한 용해도 곡선을 그릴 수 있다.
- 온도에 따른 용해도의 변화를 이해할 수 있다.

컴퓨터, 핫플레이트, MBL 인터페이스, 스테인레스 온도 프로브, 유리 막대, 질산칼륨,
증류수, 500 mL 비커, 10 mL 눈금실린더, 250 mL 비커, 스탠드, 시험관 4개, 시험관대,
클램프 2개, 전자저울, 약포지, 약순가락

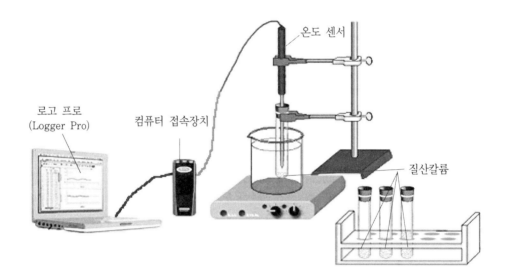

로고 프로
(Logger Pro) 컴퓨터 접속장치 온도 센서 질산칼륨

 실험하기

1. 4개의 시험관에 1~4의 번호를 쓴 후, 각각에 질산칼륨을 2.0, 4.0, 6.0, 8.0 g씩
   넣는다.

2. 각각의 시험관에 증류수 5.0 mL를 넣는다. (물의 밀도를 1.0 g/mL로 가정)

3. 인터페이스, 온도 센서, 컴퓨터를 연결하고 Logger Pro를 연다.

4. 500 mL의 비커의 3/4 정도 물을 넣은 후 스탠드에 고정하고 핫플레이트 위에 놓는다.
   90℃ 정도로 물을 가열한 후 물의 온도가 일정하도록 유지한다(온도 센서를 이용하여
   비커 속에 담긴 물의 온도를 측정할 수 있다).

5. 1번 시험관을 4의 비커에 넣고 클램프로 고정하고 질산칼륨이 녹을 때까지 유리

막대로 저어준다. 고체가 다 녹았음에도 불구하고 시험관을 물속에 오랫동안 방치하지 않도록 한다.

6. 질산칼륨이 완전히 녹았을 때 ▶ Collect 버튼을 클릭하고 비커에서 온도 센서를 꺼내어 잘 닦은 후 시험관에 넣는다. 시험관을 비커에서 꺼내어 상온에서 천천히 식게 한다. 온도 센서로 용액을 약간씩만 위아래로 저어주면서 결정이 형성되기를 기다린다. 결정이 형성되기 시작하면 Keep 버튼을 클릭하여 물에 대한 용해도를 기록한다. (실험에 사용한 질산칼륨의 양이 아니라, 물 100 g에 대하여 환산한 질산칼륨의 용해도를 넣어준다.) Keep 버튼을 너무 빨리 누른 경우 ESC버튼을 눌러 저장을 취소한다. data를 저장한 후에 시험관을 시험관대에 꽂고 다음 실험을 위해 온도 센서를 다시 따뜻한 물이 담긴 비커에 넣는다.

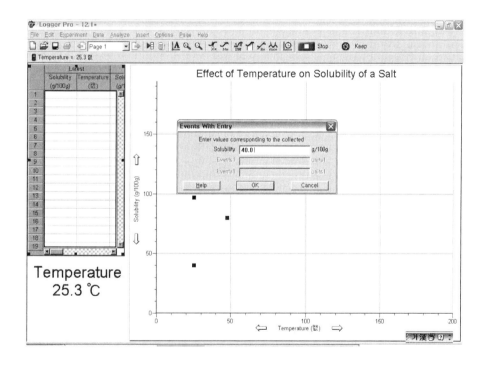

7. 다른 3개의 시험관에 대해서도 실험 6,7 과정을 반복한다. (질산칼륨 모두 녹이려면 3, 4번 시험관은 1, 2번 시험관보다 높은 온도에서 가열되어야 한다.)
   시간을 절약하기 위해
   • 1명이 결정이 형성되는 것을 관찰하는 동안(6번 과정) 다른 1명이 다음 실험에

사용할 질산칼륨 수용액을 만들 수 있다(5번 과정).

- 1, 2번 시험관의 경우 찬 물이 담긴 250 mL 비커를 이용하여 낮은 온도에서 냉각시키면 공기 중에서보다 빠르게 온도를 떨어뜨릴 수 있다. 결정 형성이 너무 빠른 경우 시험관을 다시 따뜻한 물에 넣어 결정을 다시 녹인 후 냉각시키면 된다.

8. 실험이 끝나면 ■ Stop 버튼을 클릭하고 결과를 분석하고 표 1을 기록한다.

〈질산칼륨의 용해도〉

실험	용해도 (g/5 mL H₂O)	용해도 (g/100 g H₂O)	온도(℃)
1	2.0	40.0	
2	4.0	80.0	
3	6.0	120.0	
4	8.0	160.0	

〈그래프를 붙이세요.〉

〈온도에 따른 질산칼륨의 용해도〉

1. 인쇄된 그래프에 실험 결과를 가장 잘 보여주는 곡선을 그래프에 그리시오.

2. 실험 결과를 따르면 질산칼륨의 용해도는 온도에 따라 어떻게 변하는가?

3. 실험 결과를 이용하여 다음의 용액이 포화용액인지 불포화용액인지 구별하시오.
   • 40℃의 물 100 g에 질산칼륨이 110 g 들어 있을 때
   • 70℃의 물 100 g에 질산칼륨이 60 g 들어 있을 때
   • 60℃의 물 100 g에 질산칼륨이 140 g 들어 있을 때

4. 실험 결과에 따르면 50℃의 물 100 g에 질산칼륨 50 g은 모두 용해될까? 그렇게 생각한 이유를 쓰시오.

5. 실험 결과에 따르면 40℃의 물 100 g에 질산칼륨 120 g은 모두 용해될까? 그렇게 생각한 이유를 쓰시오.

6. 실험 결과에 따르면 30℃의 물 100 g에 녹는 질산칼륨의 최대 질량은 몇 g인가?

한걸음 더

1. 고체의 용해도가 온도가 높아짐에 따라 증가하는 이유는 무엇일까?

2. 물질의 용해도가 온도에 따라 달라지는 현상을 실생활에서 어떻게 활용할 수 있는지 토의해 보자.

온도에 따른 용해도의 변화

관련 교육 과정 : 중학교 1~3학년군 '물질의 특성'

이 실험은 물질의 특성 단원 중 온도에 따른 고체의 용해도를 측정해 보는 것으로, 온도에 따라 고체의 용해도가 비교적 크게 변하는 질산칼륨을 이용한다. 학생들의 수준에 따라 질산칼륨 외에 다른 시료의 용해도를 측정하게 하여 용해도 곡선을 비교하고 물질의 특성을 이해해 보는 과정을 거칠 수 있다.

- 주요 개념 : 온도, 용해도, 용해도 곡선
- 탐구 기능 : 측정하기, 그래프 그리기, 추리하기, 분석하기

참고 자료

가. 실험과 관련된 과학개념

1. 용해도

어떤 온도에서 물질이 일정한 양의 용매에 최대로 녹아 있는 용액을 포화용액이라고

하며 용매가 100 g인 포화용액에서의 용질의 질량을 용해도라고 한다. 즉, 용해도는 용매 100 g에 최대로 녹아 들어간 용질의 g수이다.

- 고체 물질의 용해도 : 고체의 용해도는 어떤 온도에서 포화용액 속에 존재하는 용질의 양으로, 용질과 용매의 종류에 따라 달라진다. 일반적으로 고체의 용해도는 압력의 영향은 거의 받지 않으나 온도의 영향을 크게 받는다. 온도가 높아질수록 고체의 용해도 가 커지는 경향을 보이고 있는데, 이것은 고체의 용해 과정이 대부분 열을 흡수하는 흡열 과정이기 때문이다. 흡열 과정은 온도를 높이면 열을 흡수하는 쪽으로 반응이 진행되어 용해도가 증가하게 된다. 그런데 수산화칼슘과 같이 용해반응이 발열 반응인 경우 온도가 높아질수록 오히려 용해도가 감소한다.

〈몇 가지 고체 물질의 용해도〉

온도(℃)	0	20	40	60	80	100
설탕	179	204	238	287	362	485
소금	35.7	36	36.6	37.3	38.4	39.8
붕산	2.8	4.9	8.9	14.9	23.5	38
질산칼륨	13.3	31.6	63.9	110	169	246
황산구리	14.9	20.0	29.5	39	53.5	73.5

- 기체의 용해도 : 일반적으로 물 1 mL에 녹는 기체의 부피나 물 100 g에 녹는 기체의 질량으로 나타낸다. 기체의 용해도는 기체의 종류, 온도, 압력에 큰 영향을 받는다.

〈1기압에서 기체 물질의 용해도 (g/물 100 g)〉

구분	온도(℃)					
	0	20	40	60	80	100
암모니아	89.9	53.3	30.2	–	–	–
염화수소	82.3	72.1	63.3	56.1	–	–
이산화탄소	0.348	0.173	0.097	0.058	–	–
산소	0.0049	0.0043	0.0033	0.0027	0.0024	0.0023
질소	0.0023	0.0018	0.0014	0.00125	0.001125	0.001125
수소	0.0002	0.00016	0.00014	0.00014	0.00014	0.00014

2. 용해도 곡선

온도에 따른 물질의 용해도를 그래프로 나타낸 것으로, 용해도 곡선상의 모든 점은 그 온도에서의 포화용액을 의미하며, 곡선보다 위의 점은 과포화용액, 곡선보다 아래의 점은 불포화용액을 의미한다.

3. 질산칼륨

칼륨의 질산염으로, 화학식은 KNO_3이다. 무색의 사방정계 결정으로 녹는점은 333℃, 비중은 2.11, 굴절률은 1.5038이다. 녹는점 이상으로 가열하면 분해하여 산소를 방출한다.

$$2KNO_3 \rightarrow 2KNO_2 + O_2$$

물에 쉽게 녹으며 에탄올에는 약간 녹는다. 짠맛과 청량미가 있으며 가연성 물질과 같이 있으면 폭발한다. 흑색 화약, 성냥, 불꽃놀이용 폭죽 등의 제조 원료로 사용되며, 비료·유리·유약 등의 원료 및 산화제, 의약품 등으로도 사용된다.

나. 실험 시 유의사항

1. 이 실험에서 사용하는 스테인레스 온도 프로브(Stainless Steel Temperature Probe)의 측정범위는 −40~130℃이며, 온도 프로브는 인터페이스에 연결하고 Logger Pro 프로그램을 실행시키면 자동 인식된다.

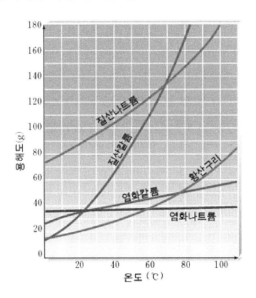

2. 온도 프로브의 전선이 핫플레이트 등에 닿지 않도록 주의한다.

3. 고체를 높은 온도의 물을 이용하여 물중탕으로 녹일 때 고체가 다 녹았음에도 불구하고 시험관을 오랫동안 비커에 담가두지 않도록 한다.

4. 온도 센서를 한 번 사용하고 나면 잘 닦고 말려서 다시 사용하도록 한다.

5. 고체가 냉각되면서 결정을 형성할 때 과포화 상태로 머무는 것을 방지하기 위하여 온도 센서로 용액을 약간씩 저어준다.

6. 결정이 형성될 때 Keep 버튼을 너무 빨리 누른 경우 ESC버튼을 눌러 저장을 취소한다.

7. Keep 버튼을 눌러 물에 대한 용해도를 기록할 때는 실험에 사용한 질산칼륨의 양이 아니라, 물 100 g에 대하여 환산한 질산칼륨의 용해도를 넣어주도록 주의한다.

8. 시간을 절약하기 위해 1명이 결정이 형성되는 것을 관찰하는 동안 다른 1명이 다음 실험에 사용할 질산칼륨 수용액을 만들 수 있다.

9. 1, 2번 시험관의 경우 찬 물이 담긴 250 mL 비커를 이용하여 낮은 온도에서 냉각시키면 공기 중에서보다 빠르게 온도를 떨어뜨릴 수 있다.

10. 결정 형성이 너무 빠른 경우 시험관을 다시 따뜻한 물에 넣어 결정을 다시 녹인 후 냉각시키면 된다.

11. 실험 결과 얻은 그래프를 프린트 하여 학생들로 하여금 적절한 그래프를 그리는 방법 대신, Logger Pro의 Analyze 메뉴에서 Draw prediction버튼을 눌러 대략적인 그래프를 그려보게 할 수 있다. 이는 매끄러운 곡선을 그리는 데는 어려움이 있으나 다른 온도에서의 용해도 값을 화면상으로 쉽게 얻을 수 있어 편리한 점이 있다.

12. 온도를 높이면서 용질이 다 녹는 온도를 기록하여 용해도를 측정하는 방법은 측정이 어려우므로, 일정량의 용질을 가열하여 녹인 후 냉각시키면서 용질이 석출되는 온도를 측정한다. 용해도를 측정할 때, 용질의 석출 시작 온도와 석출되었던 용질이 다시 녹아 들어가는 순간의 온도를 측정하여 평균을 내면 좀 더 정확한 결과를 얻을 수 있다.

평균 온도 = (석출되는 온도 + 다시 녹는 온도)/2

질문에 대한 해답

가. 생각해 보기

1. 결과 예시 참조
2. 온도에 따라 질산칼륨의 용해도가 증가한다.
3. • 40℃의 물 100 g에 질산칼륨이 110 g 들어 있을 때 - 포화용액
   • 70℃의 물 100 g에 질산칼륨이 60 g 들어 있을 때 - 불포화용액
   • 60℃의 물 100 g에 질산칼륨이 140 g 들어 있을 때 - 포화용액
4. 용해된다. 50℃에서 질산칼륨의 용해도는 약 82이므로, 질산칼륨 50 g은 모두 녹는다.
5. 모두 용해되지 않는다. 40℃에서 질산칼륨의 용해도는 60.5이므로, 질산칼륨 60.5 g 은 녹지만 59.5 g은 녹지 않고 가라앉는다.
6. 30℃에서 질산칼륨의 용해도는 44.4이므로, 물 100 g에는 최대 44.4 g의 질산칼륨 이 녹을 수 있다.

나. 한걸음 더

1. 질산칼륨과 같은 고체는 물에 녹을 때 열을 흡수하므로 온도가 높을수록 용해도가 증가한다.

2. 설탕을 다량 녹이기 위해서 뜨거운 물을 이용한다.

결과 예시

〈질산칼륨의 용해도〉

실험	용해도 (g/5 mL H_2O)	용해도 (g/100 g H_2O)	온도(℃)
1	2.0	40.0	25.3
2	4.0	80.0	47.8
3	6.0	120.0	64.3
4	8.0	160.0	73.3

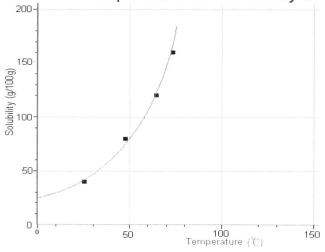

Effect of Temperature on Solubility of a Salt

- 질산칼륨의 용해도는 온도에 따라 빠르게 증가한다.

 심화자료

1. 수산화칼슘과 같이 온도가 증가함에 따라 용해도가 감소하는 고체의 예를 들어 온도와 용해도 사이의 관계를 비교하여 학습할 수 있다.

2. 질산칼륨과 질산나트륨 등으로 두 가지 고체의 용해도를 측정하여 용해도 곡선을 그리게 한 후, 두 고체 물질의 혼합물을 용해도를 이용하여 분리하는 방법을 고안하게 할 수 있다.

20 온도에 따른 기체의 용해도

들어가기

　우리가 흔히 마시는 사이다의 톡 쏘는 맛은 사이다에 녹아 있는 이산화탄소 때문이며, 녹아 있는 이산화탄소의 양이 많을수록 톡 쏘는 맛이 강하다. 많은 양의 이산화탄소를 물에 녹이려면 어떻게 하면 될까? 사이다를 만드는 공장에서는 높은 압력을 가하여 이산화탄소를 주입한다. 이는 이산화탄소의 용해도가 압력이 증가할수록 커지기 때문이다. 또한 이산화탄소와 같은 기체는 압력 외에도 온도의 영향을 받는다. 이 실험에서는 온도에 따라 물에 녹는 이산화탄소의 양이 어떻게 달라지는지 알아볼 것이다.

학습목표

- 용해도의 개념을 이해할 수 있다.
- 온도에 따라 변하는 기체의 용해도를 관찰할 수 있다.
- 온도에 따른 기체의 용해도 변화를 이해할 수 있다.

컴퓨터, MBL 인터페이스, 스테인레스 온도 프로브, 이산화탄소 센서, 고무마개(이산화
탄소 센서에 달려 있음), 250 mL 삼각 플라스크(이산화탄소 센서가 입구에 맞아야 함),
사이다, 10 mL 눈금 실린더, 100 mL 눈금 실린더, 증류수, 1 L 비커 3개, 스탠드, 클램프,
얼음, 뜨거운 물

 실험하기

1. 증류수 50 mL와 사이다 3 mL 정도를 250 mL 삼각 플라스크에 넣고 고무마개와
   이산화탄소 센서를 이용하여 입구를 막는다.
2. 온도 센서와 이산화탄소 센서를 인터페이스에 연결하고 Logger Pro를 연다.
3. 다음과 같이 데이터 수집 정보를 설정한다.

(1) 메뉴바의 experiment에서 data collection을 클릭하여 mode를 selected events로 바꾼다.

(2) x축과 y축의 변인은 그림과 같이 그래프의 변인을 클릭하여 변형할 수 있다.

(3) 온도와 이산화탄소의 그래프만 필요하므로 필요 없는 그래프는 지운다.

(4) graph options를 클릭하면 제목을 입력할 수 있다.

(5) column options를 클릭하면 x축과 y축의 이름과 단위를 지정할 수 있다.

(6) 그래프를 마우스로 끌고 당기면 축의 높이, 눈금 간격을 조절할 수 있다.

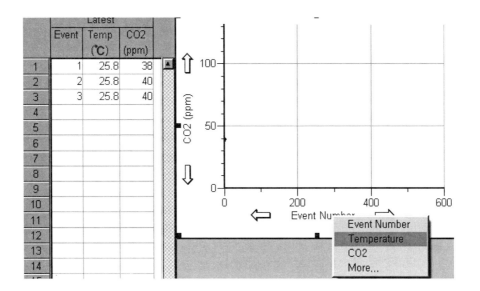

4. 삼각 플라스크와 온도 센서를 뜨거운 물에 넣은 후, ▶ Collect 버튼을 누르고 이산화탄소 센서의 눈금이 변하지 않을 때까지 기다린다. (눈금은 매우 천천히 올라간다.)

5. 이산화탄소의 농도가 일정한 값을 나타내면 Keep 버튼을 누르고 온도를 입력한다.

6. 같은 방법으로 실온의 물과 얼음물에서 각각 측정한다.

7. 실험이 끝나면 ■ Stop 버튼을 클릭하고 그래프를 분석한다.

⟨그래프를 붙이세요.⟩

⟨온도에 따라 방출되는 이산화탄소의 양⟩

 생각해 보기

1. 온도가 증가함에 따라 검출되는 이산화탄소의 양은 어떻게 변하는가?

2. 온도에 따라 검출되는 이산화탄소의 양이 변하는 이유는 무엇인가?

3. 온도와 이산화탄소 용해도 사이의 관계를 설명해 보자.

 한걸음 더

• 톡 쏘는 맛이 강한 사이다를 먹기 위해서 적절한 사이다 보관법을 생각해 보자.

20

온도에 따른 기체의 용해도

 관련 교육 과정 : 중학교 1~3학년군 '물질의 특성'

이 실험은 온도와 기체의 용해도 사이의 관계를 알아보는 실험이다. 이 실험에서는 이산화탄소 센서를 이용하여 사이다에서 빠져나온 이산화탄소의 양을 측정함으로써 간접적으로 온도와 기체의 용해도 사이의 관계를 알아볼 것이다. 대개의 교과서는 같은 양의 사이다를 시험관에 넣은 후 차가운 물, 실온의 물, 뜨거운 물에 시험관을 각각 담그고 빠져나오는 기포의 양을 관찰하는 실험을 제시하고 있다. 그러나 실험을 해보면 실온의 물과 차가운 물에서 발생하는 기포의 양은 눈으로 구별하기가 어렵다. 이 실험에서 사용하는 이산화탄소 센서는 매우 민감하여 소량의 사이다에서 발생하는 이산화탄소도 읽을 수 있는 장점이 있으나, 너무 많은 양의 사이다를 사용하면 센서가 읽을 수 있는 최고 농도를 초과하므로 주의해야 한다.

- 주요 개념 : 온도, 기체의 용해도
- 탐구 기능 : 측정하기, 추리하기, 분석하기

 **참고 자료**

가. 실험과 관련된 과학개념

1. 기체의 용해도

일반적으로 물 1 mL에 녹는 기체의 부피나 물 100 g에 녹는 기체의 질량으로 나타낸다. 기체의 용해도는 기체의 종류, 온도, 압력에 큰 영향을 받는다.

〈1기압에서 기체 물질의 용해도 (g/물 100 g)〉

구분	온도(℃)					
	0	20	40	60	80	100
암모니아	89.9	53.3	30.2	–	–	–
염화수소	82.3	72.1	63.3	56.1	–	–
이산화탄소	0.348	0.173	0.097	0.058	–	–
산소	0.0049	0.0043	0.0033	0.0027	0.0024	0.0023
질소	0.0023	0.0018	0.0014	0.00125	0.001125	0.001125
수소	0.0002	0.00016	0.00014	0.00014	0.00014	0.00014

2. 기체의 종류와 용해도

기체의 용해도는 기체의 종류에 따라 영향을 받는다. NH_3, HCl, SO_2과 같은 극성 분자는 물에 대한 용해도가 매우 크고, Cl_2, CO_2, O_2, H_2, N_2와 같은 무극성 분자는 물에 대한 용해도가 작다.

같은 무극성 분자라고 할지라도 Cl_2와 CO_2는 부분적으로 물과 반응하여 하이포아염소산과 탄산을 형성하므로 물과 반응하지 않는 O_2, H_2, N_2보다 용해도가 조금 크다.

3. 용해도에 끼치는 온도의 영향

기체 분자들은 분자 간의 인력이 거의 없으나 기체 분자들이 물에 녹으면 인력이 생겨나므로 에너지가 낮아지게 된다. 또 운동 에너지가 큰 기체 분자들이 물에 용해되면 운동

에너지가 작아지게 된다. 따라서 기체의 용해 과정은 발열 과정이며, 온도를 높이면 열을 흡수하는 쪽으로 반응이 진행되어 기체의 용해도는 감소하게 된다.

나. 실험 시 유의사항

1. 이 실험에서 사용하는 이산화탄소 센서는 워밍업 시간이 90초 정도 필요하므로, 90초 정도의 시간이 지난 후 ▶Collect 버튼을 눌러야 한다.

2. 센서는 이산화탄소의 농도변화에 비하여 매우 느리게 반응하므로 오랫동안 관찰하도록 하며, 센서를 액체에 직접 담가서는 안 된다.

3. 센서를 사용하기 전에, 센서가 제대로 작동하는지 확인하도록 한다. 공기 중의 이산화탄소의 농도는 약 370~400ppm이다.

4. 이산화탄소 센서는 매우 민감하여 미세한 농도 변화도 감지할 수 있다. 그러나 측정할 수 있는 최고 농도가 5000ppm 정도이므로, 이보다 농도가 진하면 5000ppm 근방에서 농도가 더 이상 증가하지 않고 일정하게 나타날 것이다. 따라서 이 실험에서는 물의 양에 비해 사이다를 매우 소량만 넣도록 한다. 또한 센서가 평형의 눈금을 읽을 때까지 시간이 오래 걸림에 유의해야 한다.

5. 스테인레스 온도 프로브(Stainless Steel Temperature Probe)의 측정범위는 −40 ~130℃이며, 인터페이스에 연결하고 Logger Pro 프로그램을 실행시키면 자동 인식된다.

6. 기체가 새어 나가지 않도록 마개에 꽉 맞는 플라스크를 사용하도록 한다. 이산화탄소 센서와 함께 들어 있는 플라스틱 통을 이용하는 것도 좋은 방법이다.

7. 기체의 온도는 직접 측정하기가 어려우며 가열 장치에 의해 매우 쉽게 변한다. 이 실험에서는 플라스크 내부의 기체의 온도와 bath의 온도가 동일하다고 가정하고 실험한 것이므로 오차를 다소 포함하고 있다.

8. 이산화탄소 센서는 기체에서만 측정 가능하며, 특히 센서가 액체에 닿지 않도록 주의한다.

9. 사이다는 물 외의 여러 가지 물질을 포함하므로 실험에서 이산화탄소의 농도를 정량적으로 분석하는 것은 의미가 없다.

질문에 대한 해답

1. 증가한다.
2. 온도에 따라 이산화탄소의 용해도가 변하기 때문이다.
3. 온도가 높아질수록 이산화탄소의 용해도는 감소한다.

결과 예시

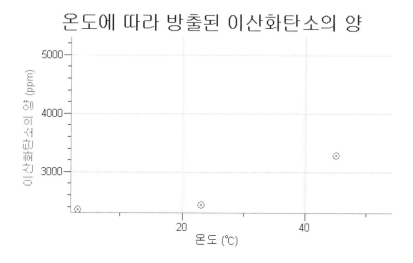

- 온도가 증가할수록 방출된 이산화탄소의 양은 증가한다. 이는 온도가 높을수록 물에 녹는 이산화탄소의 양이 감소하므로 기체상의 이산화탄소 농도가 증가하기 때문에 나타난 현상이다.

한걸음 더

- 톡 쏘는 맛이 강한 사이다를 만들기 위해서는 이산화탄소를 많이 녹이면 된다. 따라서 이산화탄소의 용해도가 커지도록 압력을 크게 하거나(입구를 높은 압력으로 막는다), 온도를 낮춰 준다(냉장고에 보관한다).

찾아보기

컴퓨터를 활용한 화학실험

2016년 3월 2일 1판 1쇄 인쇄
2016년 3월 5일 1판 1쇄 발행

저 자 ◎ **여 상 인·이 숙 경**

발행자 ◎ **조 승 식**

발행처 ◎ (주) 도서출판 **북스힐**
　　　　　 서울시 강북구 한천로 153길 17

등 록 ◎ 제 22-457 호

 (02) 994-0071(代)

 (02) 994-0073

bookswin@unitel.co.kr
www.bookshill.com

값 10,000원

잘못된 책은 교환해 드립니다.

ISBN 979-11-5971-011-7

Vernier Data-Collection Technology
for Elementary Science

버니어 MBL 인터페이스

NEW

랩퀘스트® 2 인터페이스

컬러 터치 스크린이 내장된 최신형
최신형의 혁신적인 MBL 인터페이스로
무선 실험 시스템 구축이 가능하고,
스마트폰 어플과 연동이 가능
버니어의 모든 센서(70여종) 지원
ORDER CODE LABQ2

랩퀘스트® 미니 인터페이스

작은 사이즈에 막강한 기능
별도의 전원없이 USB 연결만으로 사용이
가능하고 동시에 최대 5채널의 센서를
사용.
order code VE1100

무선 과학 실험 시스템

무선 과학 실험 시스템은 MBL 인터페이스와 스마트기기 또는
컴퓨터를 무선으로 연결해줍니다. 즉, 다중의 인터페이스에서
측정한 데이터를 하나의 컴퓨터에서 결과 확인을 할 수 있으며,
하나의 인터페이스에서 측정한 결과를 다중의 스마트 기기에서
결과 확인 할 수 있습니다.
학생들은 버니어 인터페이스와 센서로부터 데이터 수집, 관찰,
분석, 보고서 제출까지 다양하게 활용할 수 있습니다.

고! 링크® 인터페이스

저렴한 가격의 단일 채널 인터페이스
저렴한 가격에 별도의 전원이 필요없이
컴퓨터 USB에 연결하여 사용할 수 있는
인터페이스
order code VE6200

데이터 연동
인터페이스와 웹 브라우저에서
데이터 수집, 확인, 분석

아이패드용 어플
Graphical Analysis 어플을 이용하여
데이터 수집, 확인, 분석
실험 결과를 동시에 여러대의 기기에
전송

LABQUEST 2
CONNECTED SCIENCE SYSTEM

실험 데이터 이메일 전송
측정한 결과를
로거프로 3 프로그램에서 확인할 수
있도록 전송
전송된 데이터를 확인하여 직접적인
평가가 가능

랩퀘스트 뷰어
실험실 안에서 빔 프로젝트나
전자칠판을 통해서 데이터를
보여줌

구매 및 AS 문의
버니어 MBL 한국 총판 (주)한국과학
T. 02)929-1110
www.koreasci.com
info@koreasci.com

Vernier
MEASURE. ANALYZE. LEARN.™

한글 로거프로3 프로그램

버니어의 인터페이스 및 센서를 지원하는 통합형 분석 프로그램
로거프로 프로그램만으로 모든 기능 사용 가능
프로그램 설치만으로 인터페이스 및 센서를 인식하는 AUTO ID 기능 탑재
그래프만 그리는 프로그램과 달리 통계, 미적분, 동영상 등 다양한 분석기능 제공
학교당 1COPY 구매 만으로 교내 모든 컴퓨터에 설치 가능
주기적인 프로그램 무상 업그레이드

프로그램 특징
로거프로 프로그램만으로 모든 기능 사용 가능
70여 종의 센서에서 수집한 데이터를 분석, 저장, 그래프화
비디오 캡쳐 - 디지털 카메라, 웹 카메라를 이용한 동영상 분석 및 그래프 동기화
다양한 호환성 - LABVIEW, 구글어스 등과의 상호 호환성
쉬운 편집 - 실험 데이터를 워드, 엑셀에 삽입해서 리포트나 논문으로 제출 가능
수학적 개념 도입 - 미적분, 추세선, 평균, 중간값, 최대/최소값 등 수학적 개념 학습 가능
GPS 데이터 수집 - GPS에서 수집한 자료와 구글어스를 이용한 데이터 분석
풍부한 실험 컨텐츠 - 실험서에는 400여 가지의 실험 자료 수록

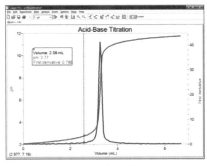

이중 Y축 생성

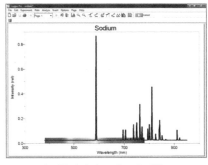

나트륨 광원의 스펙트럼 관찰

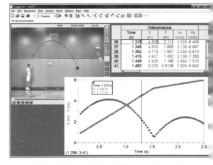

이차원 운동을 하는 물체의 운동 분석

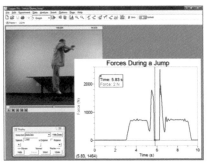

동영상과 센서 데이터 동시 측정

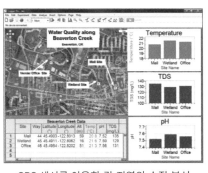

GPS 센서를 이용한 각 지역의 수질 분석

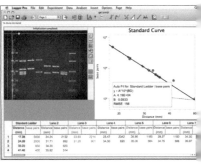

전기영동 장치의 겔 분석